日本丸 TS NIPPON MARU 2,570GT

海王丸 TS KAIWO MARU 2,556GT

■ 航海訓練所シリーズ ■

帆船 日本丸・海王丸を知る
改訂版

独立行政法人 海技教育機構 編著

成山堂書店

はじめに

　本書の基になった帆船操典の作成は昭和 37 年にまで遡ります。当時の日本丸船長であった千葉宗雄教授が主として執筆された原稿をもとに帆船操典の初版を発行し、その後「高所及び帆船作業指針」(昭和 38 年 3 月)、「帆船操典 (追録)」(昭和 41 年 3 月) を加え、昭和 42 年 2 月、実習上の便宜を図るため本文と付図の 2 分冊として発行しました。昭和 62 年 3 月、日本丸二世の誕生や当所において運航士教育が開始されたのを機に、内容をより精選して付図を合冊としたものを作成し、これが現在ある帆船操典の原型となりました。

　平成 16 年 10 月 20 日、富山沖で起きた海王丸座礁事故を反省するとともに、それを教訓に帆船操典の安全運航に係る項目を増補し、その構成を全面的に見直し、現在に至っています。

　本書は、練習船日本丸及び海王丸の安全かつ確実な運航を期するために最も適切と思われる帆走法や運用法を述べていますが、他の帆船にも利用できるよう基本的な内容を多く掲載しました。また、写真や図版を多く取り入れ、一般船舶の運用書としても使用できるよう下記のような工夫をしました。

(1) 帆走理論から始まり、帆船操船の実際へと展開する構成としました。
(2) 第 1 章帆走理論及び第 2 章帆船操船法では、写真及び図版を大幅に増やし、理解しにくい帆走理論や操船法をできる限り容易に理解できるように工夫しました。
(3) 第 6 章緊急操船法では、熱帯低気圧からの避航法を加えました。
(4) 守錨基準を全面的に書き直し荒天避泊法とその限界を明示し、第 8 章荒天遭遇例には日本丸走錨事例と海王丸座礁事故例を加え、それらを教訓とし、船長や航海士のための避泊指針としました。
(5) 側注を設け、できる限り本文近くに関係する図面等を配置することによって、読み易さを向上させました。

　この度、広く一般に出版することで、より多くの皆様に本書を手に取って頂き、帆船の訓練や船員教育、更には船員の活躍の場である海運について興味を持ち、ご理解頂けることを願うものです。

2013 年 3 月

「帆船 日本丸・海王丸を知る」編集者、執筆者一同

※独立行政法人航海訓練所は、平成 28 年 4 月 1 日の組織統合により、独立行政法人海技教育機構となりました。

改訂版発行にあたって

　本書の初版は 2013 年に発行され、練習船の安全な運航が行われるための基本的な内容を多く掲載し、帆船実習に取り組む実習生の教科書として使われてきました。しかし、2018 年以降、マスト登りを伴う帆船実習は中断となりました。その後、2020 年 1 月よりマスト登りを伴う帆船実習が再開されることになり、実習等の内容、安全対策への取り組みを行っていたことから、本書を全面的に見直し改訂版を発行することとなりました。

　帆船実習では、登しょう訓練が行われるため「安全用具、安全対策」をはじめ、実習生への指導教官の配置、高所作業においての器具導入など新たな対策を含めたことを重視し改訂しました。

　本書が引き続き帆船実習に取り組む実習生の安全確保に役立ち、実習に携わるすべての乗組員の知識と技量向上に役立つことを心より願います。

2022 年 9 月

「帆船 日本丸・海王丸を知る」編集者、執筆者一同

目　　次

1 　帆走理論

　　帆は風を受けることによりどのような力が発生するのか、また帆船や
ヨットはその力をどのように利用して帆走しているのか、主として日本
5　丸での実船実験や模型実験の結果を基に説明する。

1.1 　帆が生み出す力

1.1.1 　帆の周囲の流れ

10　　図 1.1 は左から右に流れる空気の一様な流れの中に角度
α (迎角、Attack angle) で帆 (Upper Topgallants'l の 1/20
の模型) を置き、帆の周りの流れの様子を示したものである。
　　流れは帆によって風上側 (帆凹側) と風下側 (帆凸側)
に分けられ、それらは帆に沿って曲げられる。

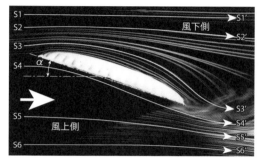

図1.1 帆の周囲の流れ

15　　風下側 (帆凸側) において、流れ S1 はほぼ直線で流れ
ており帆の影響はほとんどない。流れ S2 は若干上に膨ら
むように流れており、帆の影響は小さい。流れ S3 は上に
凸の状態で大きく湾曲し、帆の後縁までその上面に沿って
流れている。
20　　風上側 (帆凹側) において、流れ S4 は下に大きく曲げられて帆の後
縁に達している。流れ S5 は下方に曲げられているもののかなり緩やか
であり、帆の影響は小さい。流れ S6 はほぼ直線となり帆の影響はほと
んどない。
　　流れ S3 に注目してみると、この流れは帆の凸面から剥離することな
25　く帆の後縁まで流れている。このように流れが凸面に沿って流れようと
する性質を**コアンダ効果 (Coanda Effect)** という。

1.1.2 　帆が生み出す力

　　帆によって曲げられた流れは湾曲し、円の一部を描くように
30　運動する。このとき流れには外側に向かって遠心力が働く。こ
れにより、風下側 (帆凸側) において、帆に近い部分では圧力
が下がり、遠い部分では圧力は上がる (大気圧)。また、風上側 (帆
凹側) では帆に近い部分の圧力が上がる。これらの力によって、
帆には合力 F が働く (**流線曲率の定理**)。

35　　この力 F の流れに対し垂直な成分を**揚力 (lift)** F_L 、流れの方
向の成分を**抗力 (drag)** F_D という。
　　揚力と抗力は次式で表すことができる。

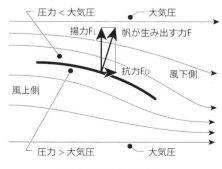

図1.2 帆が生み出す力

$$F_L = \frac{1}{2} C_L \rho V^2 S, \qquad (\text{式 } 1.1)$$

$$F_D = \frac{1}{2} C_D \rho V^2 S. \qquad (\text{式 } 1.2)$$

ただし、C_L, C_D : **揚力係数**及び**抗力係数** [無次元]（動圧 $\rho V^2/2$ と基準面積 S で無次元化 ）、ρ : 空気の密度 [kg/m³]（海面高度 0 m、気温 15℃で 1.2250 kg/m³）、V: 流れと帆の相対風速 [m/s]、S: 帆の基準面積 [m²]。

　この式から帆が生み出す力は帆の面積と相対風速の 2 乗に比例することが分かる。ここで風速は相対風速であることに注意が必要である。

　帆面に対する風の入射角 α によって帆に働く揚力や抗力は変化し、それらの特性は帆の形状等で異なる。図 1.3 及び図 1.4 に 1 枚 (Upper Topgallants'l) のみの場合と、図 1.5 及び図 1.6 に mast 1 本に 6 枚の横

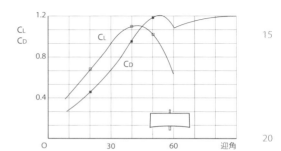

図1.3 横帆1枚のときの揚力・抗力係数

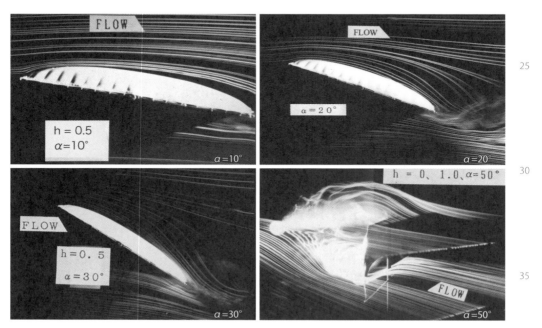

図 1.4 帆の周囲の流れ (帆 1 枚)

帆を取り付けた場合の揚力係数と抗力係数及び帆の周囲の流れを示した。帆1枚の場合は縦横比が1:3程度の**横長の帆**であり、1本のmastに6枚の帆を取り付けた場合は全体で縦横比が2:1程度の**縦長の帆**とみることができる。

　形状の異なった2種類の帆の揚力と抗力を比較することによって、次のことが分かる。

　(a) 入射角 α が20°ではどちらの帆でも風が帆面に沿ってきれいに流れている。このとき両係数は共に増加傾向を示すが揚力係数の方が抗力係数よりも大きい。

　(b) α が30°になると、縦長の帆からはわずかに流れが離れ始め揚力係数は極大値となる。横長の帆ではまだ剥離が生じていない。

　(c) α が30°を超えると、縦長の帆からは流れが完全に剥離し揚力係

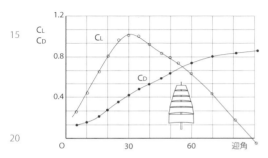

図1.5 横帆6枚のときの揚力・抗力係数

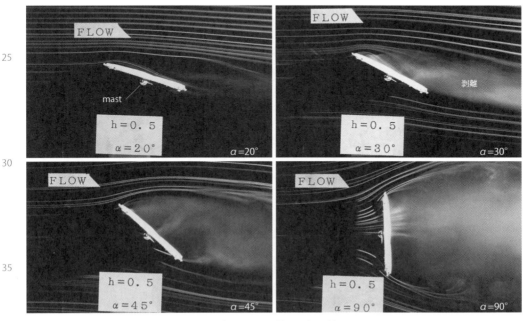

図1.6 帆の周囲の流れ(帆6枚)

数は急激に減少する。一方、横長の帆はαが40°になるまで流れが剥離しないので揚力係数は増加し続ける。

　(d)　αが50°を超えると、横長の帆からも流れが完全に剥離する。抗力はどちらの帆も増加し続け、αが90°になると、帆の風下側では渦の発生が確認できる。

1.2　帆の推進力

　帆船は帆の揚力や抗力を推進力に変え船を進める。帆の生み出す力の船首尾方向の成分を**推進力**、横方向の成分を**横力**という。

1.2.1　推進力と相対風向

(1) 斜め前方から風を受けて航走する場合

　帆の生み出す力をF_T、推進力をX_S、横力をY_Sとする。横力Y_Sは風を受ける方向により変化し、斜め前方からの風を受ける場合はかなり大きな力となるが、船体の横方向の抵抗は船首尾方向のそれと比較して数倍大きいので、帆船はある程度の圧流角βをもって帆走できる (図1.7)。

　前述のように縦長の帆はαが30°以下では横長の帆に比べてC_Lが大きくC_Dが小さいので、風上に切り上がる性能が高いと同時に圧流角も少なくなる。

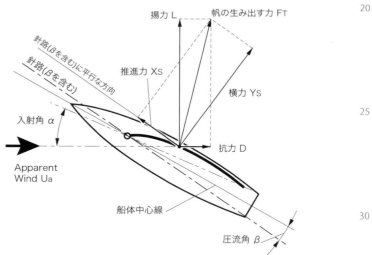

図1.7 帆の生み出す推進力と横力 (斜め前方風)

(2) 斜め後方から風を受けて帆走する場合

　図1.4及び図1.6に示すように、帆に対する風の入射角が大きいとき、風下面の流れは帆面を離れて渦を作り、風上面の流れは直接帆に当たりこれを圧する。即ち、揚力は減少して抗力が増加し、帆の生み出す力は

空気の流れの方向に近くなる (図 1.8)。

　このようなとき、横力 Ys は推進力 Xs に比較して小さくなるため、圧流角 β も小さくなる。図 1.6 α =90°はその極端な例で、真後ろから風を受けて帆走する場合である。このとき推進力 Xs は抗力 D と等しくなる。

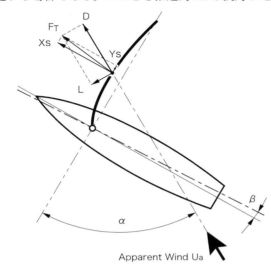

図1.8 帆の生み出す推進力と横力(斜め後方風)

1.2.2　帆が生み出す力と相対風速

　このように、帆船は前方から風を受けて走るときは主として揚力を、後方から風を受けるときは主として抗力を推進力とする。帆走している場合、帆に当たる風速はその場に吹いている風の真風速でなく、船速と合成された相対風速となる。船が前進速力を有する場合、前方から風を受ければ相対風速は真風速より増加し、後方から受ければ減少する。

　このとき注意すべき点は、帆が生み出す力は相対風速の 2 乗に比例して増減するということである。つまり、相対風速が速ければ帆の生み出す力は大きくなる（式 1.1、式 1.2 参照）。

【参考文献】

- 『JSME テキストシリーズ流体力学』日本機械学会、1999 年
- 『図解雑学流体力学』石綿良三、ナツメ社、2007 年
- 『流れの不思議』石綿良三・根元光正、講談社 BLUE BACKS、2005 年
- 『基礎物理学 上巻』金原寿郎編、裳華房、1973 年

2 帆船操船法

2.1 基本走法

日本丸、海王丸では建造以来、帆走性能測定と効率的な帆走法を調査するための実船実験が行われている。

1986 年夏、風力 4 ~ 5 の安定した北太平洋貿易風帯の海域で、様々な展帆状態、yard 開き角及び針路で速力率を計測する実験が日本丸において行われた。その結果の一部を使用しながら日本丸及び海王丸 (以下、「両船」という。) の基本走法を示す。

2.1.1 風速と船速

帆船が帆走しているときの**真風向角**をγ_t、**真風速**をU_t、船上で観測される風の**相対風向角 (視風向角)** を γ_a、**相対風速 (視風速)** を U_a、帆船の船速を u、圧流角を β とする。

真風向及び真風速が共に一定であっても、針路を変えることによってγ_a, U_a, u, β は変化する。

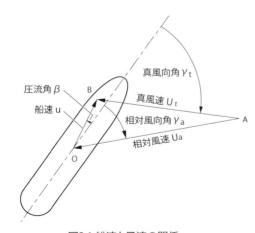

図2.1 船速と風速の関係

一定の風の中で帆船が帆走するとき、その針路と速力の関係を知ることは重要である。ある針路のときの船速 u と真風速 Ut との比を**速力率 (Speed ratio) D** という。

図 2.1 の△ AOB に着目し、速力率を表すと、

$$D = \frac{u}{U_t}. \qquad\qquad (\text{式 2.1})$$

ただし、

$$U_t = \sqrt{U_a{}^2 + u^2 - 2U_a u \cos(\gamma_a + \beta)}, \qquad\qquad (式 2.2)$$

$$\gamma_t + \beta = \arcsin \frac{U_a \sin(\gamma_a + \beta)}{U_t}. \qquad\qquad (式 2.3)$$

5

2.1.2　速力率曲線

真風向角 γ_t のときの速力率を表した曲線を**速力率曲線 (Sailing Polar Curve)** という。図 2.2 は風力 4 ~ 5 のときに計測した日本丸の速力率曲線である。

曲線 A：総帆 (36 枚) で propeller が遊転している状態のものである。　10

曲線 B：総ての横帆 (18 枚) と Jib 4 枚, Jigger stays'l, Guff tops'l, Spanker の縦帆 (8 枚) で、propeller が遊転している状態のものである。

曲線 C：総帆で propeller が停止している状態のものである。

これらの曲線から、日本丸の帆走性能について以下のことが言える。

(a) 速力率は真風向角 γ_t が 100°付近で極大値となり、その値は　15
65% となる (曲線 A)*。

(b) 日本丸は総帆・propeller 遊転時 (曲線 A) に最も効率良く帆走することができ、遊転が停止 (曲線 C) すると速力率は大きく低下する。通常、日本丸では 8kn 前後で遊転を始め、4kn 程度まで速力が低下すると遊転が停止する。　20

(c) 海王丸は帆走中 propeller を feathering (3.1.1 船体構造概略参照) することにより、その抵抗を遊転時と同等以下に減ずることができる。したがって、海王丸は常に曲線 A 又は B の速力率で帆走することができる。

(d) stays'l の効果は真風向 120°付近までは顕著であるが、それ　25
より後方の風では効果はほとんどない (曲線 A, B)。視風向角 γ_a が 100°付近までが stays'l の有効範囲と言える。

(e) 真風向に対し 60°まで切り上がって帆走することができる。帆走時には圧流角 β があり、その目安として propeller 遊転時で約 5°、停止時で約 10°である。 結果として風上に進出できる角度は　30
約 70°である。

(f) 後方から風を受けると、視風速が相対的に低下するため、帆の生み出す力は小さくなり速力率も低下する。更に真後ろ近くの風では、後方の帆に風が遮られるため前方の帆に風が入らず、速力率は最も小さくなる。　35

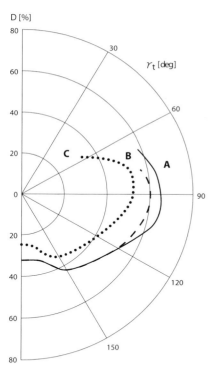

A：総帆(36枚)・Propeller遊転
B：一部の縦帆なし(26枚)・Propeller遊転
C：総帆(36枚)・Propeller停止

図2.2 日本丸の速力率曲線
(風力4~5の場合)

---

* 船速が 10kn を超えると造波抵抗が飛躍的に増大するため、速力率は低下し最大速力率を得る風向も後方へ変化する。

2.2 Yard の開き方

図 2.3 の左側は帆走中に船上で観測される視風向 (Apparent wind direction) による帆船の風の受け方を示し、右側には真風向 (True wind direction) による風の受け方の関係を示している。図の左右の yard の開きは 1 対 1 で対応している。図中の点線は速力率曲線である。

Beam Reach という帆走法を例に図の見方を説明する。同帆走法は操船者からは、ほぼ正横から風を受けて航行していると感じられるが (図左側)、実際には船尾 3pt からの風を受けて帆走していることになる (図右側)。

平穏な海域において風力 4 程度の風を受ける場合、風の受け方により異なってくる yard の開きや船速の関係を解説する。

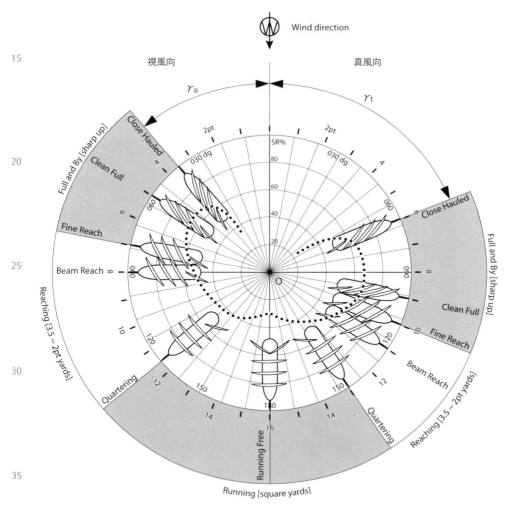

図2.3 風向とyardの開き方

2.2.1   Full and By

yard を一杯に開き (**一杯開き、Sharp Up**)、風向に対して船速を保つ
ことが可能な限り船首を向けることを **Close Hauled (詰め開き)** といい、
真風向と針路の成す角度を切上り角度 (図 2.3 γ_t) という。この角度は
どれだけ風向に向かって進めるかの指標 (**切上り性能**) であり、帆船の
性能を示す重要な要素である。真風向に対し 3 ~ 4pt まで切り上がるこ
とのできるヨットに比べると、日本丸・海王丸のような横帆船は切上り
性能が悪く、その角度は 5.5 ~ 6pt (約 60 ~ 70°) である。

その主な理由は yard の **最大開き角度**が船首尾線に対して 3pt 程度に
止まるためで、帆に風を受けて前進推力を保つためには少なくとも視風
向で 4pt から風を受ける必要があるからである。Close Hauled で風に
切り上がる場合、帆に風が入らなくなると船速が低下するとともに圧流
(lee way) が増大する。また、風向の急変や船体の yawing や rolling に
より総ての帆が裏を打つ逆帆状態となり操船が不能になることがある。
したがって、常に Mizzen mast の各 sail の weather leech を注視しなが
ら、慎重な操舵が求められる。

両船では、船首から 5pt 付近で風を受けると stays'l を含む 36 枚総
ての帆に対し有効に風を受けることができ、また視風速も速くなるので、
最も高い速力率で帆走することができる。この状態を **Clean Full** とい
い、風力 4 程度の平穏な海面においては速力率は 65% に達する。ただし、
このときの真風向は船首から約 9pt (図 2.3 右側) となり、風上には進
出できない。

このように yard を Sharp Up とし視風向で船首から 7pt より前方に
向かって帆走する範囲を **Full and By** という。

Clean Full で帆走中の様子を図 2.4 に示す。風を左前から受け (図中
の風見を参照)、横帆及び縦帆に十分な風が入っている。撮影時は Port
tack Sharp Up、総帆、風 NE/E 18kn (相対風向左 60°)、波高 2.5m と
いう条件で、針路 150°、対水速力 11.0kn (propeller 遊転)、速力率
61% であった。

図 2.4 Clean Full (Mizzen Mast)

2.2.2　Reaching

　視風向が船首から 7 ~ 11.5pt の間を **Reaching** という。この間では yard を正横から 3.5 ~ 2pt に開いた状態で帆走するため、逆帆の恐れもなく針路も安定して最も保針しやすい領域になる。特に視風向が正横前 1pt 付近から風を受けての帆走は、横帆船が最も安定し、かつ美しい姿を見せるので **Fine Reach** といわれている。また、図 2.5 は正横から風を受けて帆走する状態を表しており、各 mast 間にきれいに風が流れていることが観察できる。これを **Beam Reach** という。stays'l に風が入り推力として有効なのは、Close Hauled からこの Beam Reach までの場合に限られる。

　Reaching の帆走は Square yards と比較すると Course の風上側の tack をしっかりと引いて固縛でき、保針性能も優れ、また Sharp Up 時に比較すると船体傾斜も小さくできるので荒天時にも適している。yard を引き込み過ぎると、tack の取り合いから Course の foot がまくれ上がり、推力を減ずることになるので注意が必要である。

　Beam Reach で帆走中の様子を図 2.6 に示す。風を左正横から受け、横帆及び縦帆に十分な風が入っている。撮影時は Port tack 2pts yards、全横帆及び縦帆下列 2 枚、風 SE/E 15kn、波高 0m という条件で、針路 250°、対水速力 7.0kn (propeller 停止)、速力率 47% であった。

図2.5 Beam Reach状態における
帆の周囲の風の流れ

図 2.6 Beam Reach (Mizzen Mast)

2.2.3　Running

　視風向が 11.5pt から正船尾までの間を **Running** という。船尾から 4pt 付近のいわゆる **Quarter wind** での帆走を **Quartering** という。

　yard は **Square yards** での航走になる。Square yards 状態での最大速力率はせいぜい 40% 強にしかならない。また Course は風上側も sheet を取ることになるので、針路を風上に切り上げると最初に Course が裏を打つことになる。

　正船尾から風を受けて帆走する状態を **Running Free** という。

図2.7 Running状態における
帆の周囲の風の流れ

Running Free は Jigger mast と Mizzen mast に風が遮られ、Main mast や Fore mast の帆に風を受けることができないため、速力率 D は著しく低下する。このような場合には、前方の帆にも風が入るように針路を変更することによって速力率を上昇させると良い。真風向から 2pt 切り上げ (視風向は船尾から 4pt) て帆走することにより、約 10% の速力利得がある。距離は若干増えることとなるが速力を稼ぐことができ、より早く目的地に到達することができる。 5

　風を左後ろ 40°から受け Running で帆走中の様子を図 2.8 に示す。Mizzen 横帆には風が良く入るが、同横帆によって風が遮られるため、それよりも前方の sail には風が入りにくくなっている。撮影時は Port tack square yards、全横帆及び縦帆は Jib4 枚、下列 2 枚、Spanker 2 枚、風 SSW 19kn(相対風向左 140°) という条件で、針路 010°、対水速力 6.5kn (propeller 遊転)、速力率 34% であった。 10

図 2.8 Running (Mizzen Mast)

2.2.4　最適な Yard trim 25

　ここまで述べたように、視風向角 γ_a が約 80°までは Sharp Up が、その後 130°付近までは 3.5 ~ 2pt、更に後方の風では Square が最適な yard trim となる。

　4 種の yard 開き角についての実船実験結果によれば、Sharp Up から Square までの yard trim では、風の入射角 α を 20~ 30°に保つように yard を調整することも有効である。 30

　通常、帆の周りの風 (空気の流れ) を目で見ることはできないが、帆を美しい曲面の状態に保つことが空気を効率良く流すことにつながり、総ての帆が風をはらみ美しく張っていることがより大きな推進力を得ることになる。 35

2.3 操船法

2.3.1 Tack の選び方

　左舷から風を受け yard を左舷に開くことを **Port tack**、右舷から風を受け yard を右舷に開くことを **Starboard tack** という。Tack は風向と目的地の方向の関係から決定される。

　図 2.9 は目的地と Tack、Yard の関係を示している。図の右側に Starboard tack を、左側に Port tack を示した。両者は対称である。

　(a) 一般に、目的地に対し風が右から吹く場合は Starboard tack、左から吹く場合には Port tack とする。

　(b) 目的地に対し 6pt 以下の角度で風が吹く場合、両船は目的地に向首することはできない。目的地から風が吹いている場合が最も厳しい状態となり、Close Hauled で航走しても、目的針路に対し左右に 6pt もの偏角を生じる (同図 S1, P1)。

　(c) 目的地に対し左右 6pt 以上の角度をもって風が吹く場合、両船は目的地に向首することができる。目的地に対し左右 6pt から風が吹く場合は Close Hauled (同図 S3, P3) で、左右 6pt を越え 16pt(正船尾) までの間は Clean Full, Beam Reach, Running Free によって、目的地に向首することができる (同図 S4 ~ S6, P4 ~ P6)。

　図 2.10 は風向と yard との関係を示している。目的地から風が吹いている場合は、Close Hauled でジグザグに針路を取り、目的地を目指さなければならない。Starboard tack から Port tack へ、又は Port tack から Starboard tack へ変更することを **Tack 替え** といい、代表的なものに **Tacking** と **Wearing** がある。

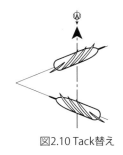

図2.10 Tack替え

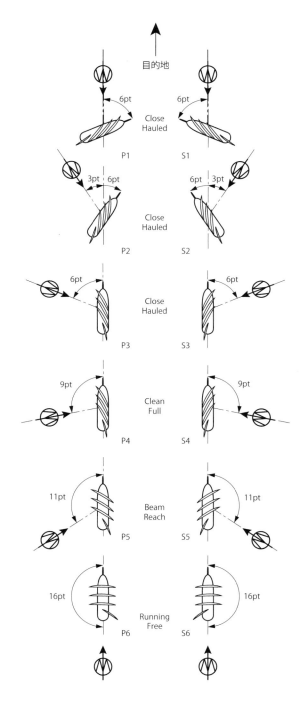

図2.9 目的地とtack及びyardの関係

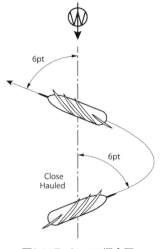

図2.11 Tackingの概念図

2.3.2　上手回し (Tacking)

2.3.2.1　上手回し

　Tacking とは一杯開きで航走中、船首を風上へ切り上げて風央 (風が吹いて来る方向の中央) をかわし、開きを替える操船法をいう (図 2.11)。

　この方法は船位を風上へ進出させるには最も有利であり狭い海面で短時間に開きを変えることができるが、万一失敗するとかえって風下に圧流され窮地に陥ることがある。Tacking が失敗しやすいのは、風が弱く船速が不十分なとき、船速が十分でもうねりが大きいときなどである。

　Tacking を行うのは次のような場合である。

- 十分な行脚があり、十分な舵効きがあるとき
- 風上の船首から強大な波浪がないとき
- 十分な人手があるとき

2.3.2.2　Missing Stay と In Irons

　Tacking の途中、船首が風央に近づき X'jack を回したが、船首はそれ以上切り上げることができずに風下へ押し戻されることがある。このように Tacking に失敗することを **Missing Stay** という。

　また、Tacking の途中、船首は望みどおり風央に達し X'jack を回したが、船首は一定点に釘付けされてどちらの側にも向かなくなることがある。これを **In Irons** という。

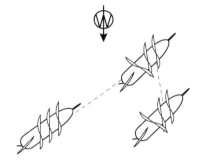

図2.12 Missing Stayの概念図　　　　図2.13 In Ironsの概念図

2.3.3　下手回し (Wearing)

　Wearing とはある開きで航走中、船首を風下に落として yard の開きを反対舷へ替える操船法をいう。この方法は Tacking のように失敗することはないが、回頭には広い海面と長い時間を要し、著しく風下へ落ちるという不利がある。これを補うには、できる限り短時間に回頭が終了するように操帆する必要がある。

　Wearing を行うのは次のような場合である。

- Tacking に必要な行脚が得られないとき
- 風が強すぎて Tacking を危険と感じるとき
- 船首風上から強大な波浪を受けるとき
- Tacking に必要な人手が足りないとき

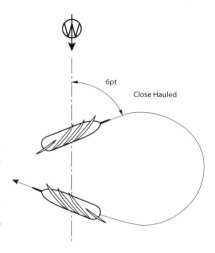

図2.14 Wearingの概念図

2.3.4　下手小回し (Boxhauling)

　Boxhauling は逆引きともいわれ、前方の yard を逆に開き裏を打たせてなるべく早く行脚を止め、後退しながら船首を風下に落とし、できるだけ狭い範囲で tack を替える方法である。

　前方に突然危険を発見し、これを避けようとする場合、Tacking を行うには成功がおぼつかなく、また Wearing を行うには風下に十分な余裕がない場合、小回り回頭を行うこの操船法が選ばれる。また、Tacking に失敗し元の開きに返すときも、この操船法によることがある。

　Boxhauling は狭い海面で回頭できる利点があるが、逆帆で後退する時間が長いから、風が強く波浪が高いときには危険が伴うことを理解しておく必要がある。

2.3.5　踟ちゅう (Heave to)

　帆船をその場に停留させるための手段として Heave to がある。溺者や他船の救助に当たるとき、陸岸や島に接近して夜明けや天気の好転を待つときなど、帆船が行脚をなくし、洋上の一点に留まろうとする操船法である。

　図 2.15 に示すように、両船で採用しているのはほぼ正横から風を受け、前後の行脚を相殺するように yard を開く方法である。

　その場の風に適した yard の開きにすることによって行脚を回復し、Heave to から帆走を開始することができる。

図2.15 Heave toの概念図

2.4　帆走と大気現象のスケール

　帆船を目的地に向け航行させるには、航海規模と大気現象の規模とを一致させなければならない。ヨットでわずかな時間帆走を楽しむ場合、数百 miles を数日で航行する場合、太平洋を横断し米国西岸を目指す 5,000miles、1 ヶ月にも及ぶ航海をする場合とでは、利用すべき気象規模は自ずと異なる。

2.4.1　大気現象のスケール

　図 2.16 は横軸に大気現象の寿命、縦軸に規模を取り、大気現象のスケールを表したものである。オーランスキー (Isidoro Orlanski) が考案

したスケールを修正したものである。マクロ、メソ、マイクロの3スケールに分類している。

マクロスケール(大規模): 2,000kmから全地球規模の大気現象の分類である。ジェット気流、太平洋高気圧などがこの分類に含まれる。この分類の大気現象は継続時間も長く、1ヶ月から数年に及ぶものまでが含まれる。マクロスケールはその規模によりαとβに分類される。

メソスケール(中規模): 2kmから2,000kmまで大気現象の分類である。大雨をもたらす積乱雲の集団、台風、中緯度の高・低気圧、ブロッキング高気圧などはこの分類に入る。メソスケールはその規模によりα、β、γに分類される。

マイクロスケール(小規模): メソスケール以下をマイクロスケールという。2km以下の規模の現象であり、積乱雲、トルネード、竜巻、つむじ風などがこの分類に入る。寿命は短時間であり、突如として現れる。したがって、予測は難しい。

これら大気現象の規模と寿命との間には正比例の関係があることが、図2.16から読み取れる。

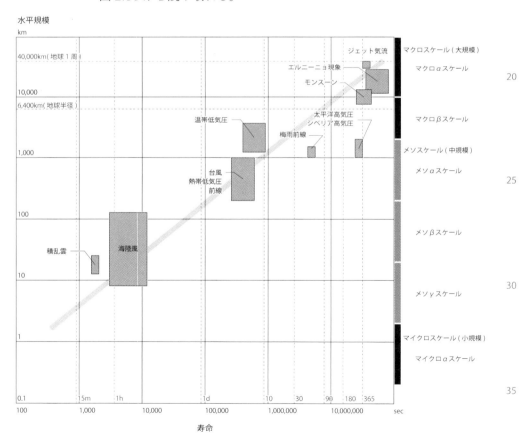

図2.16 大気現象の規模と寿命による分類

2.4.2　　帆走航海計画

　前述の大気スケールから、ヨットを数時間楽しむのであればメソβスケール、帆船で数日間の航行するのであればメソαスケール、太平洋横断など1ヶ月にわたる航海であればマクロα及びβスケールを考慮しなければならないことが分かる。

　太平洋横断規模の帆走航海計画を立案する場合、図2.16からメソスケールα以上の気象スケールに着目する必要がある。偏西風や貿易風などほぼ定常的に存在する気象現象から、ブロッキング現象やエルニーニョ現象の発生など帆走航海に大きな影響を与える要素を考慮し航海計画を立案する。定常的に存在する気象現象を見るにはPilot chartや気候図が良い。

　偏西風の波動や梅雨前線の存在等から、1週間規模の航海計画を立案する。例えば、東西指数を利用して低気圧経路の傾向や太平洋高気圧の強弱を考慮するなど戦略的に航海計画を立案する。

　実際に航海に出た後は、前線やスコールラインを考慮しながら、実践的に航海計画を修正していく。

2.4.2.1　Pilot Chart、太平洋海洋気候図
(1) Pilot Chart

　太平洋横断航海をする場合、太平洋の気候を知るにはPilot chartが最も一般的である。Pilot chartはNGA (National Geospatial-Inteligence Agency, USA) から出版されている。

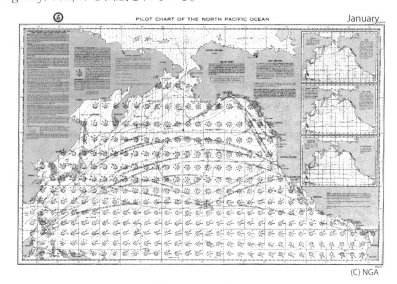

図2.17 Pilot Chart

Pilot Chartには包括する海域の海象・気象等が記載されている。

- 海流及び吹送流の表面流の流向、流速
- 卓越風の風配図
- 海氷の状態及び区域
- 海面気圧の等圧線、暴風の主な経路、強風記録、視程及び表面水温など
- 気象概況、常用航路、主要地点間の大圏コース及び距離

(2) 太平洋海洋気候図

　気象庁の発行する北太平洋海洋気候図は有効である。気候図は膨大な量の観測値を統計処理したもので、気圧配置や風速の傾向など日々の天気図からは窺い知ることのできないその海洋の特徴を表している。

　図 2.18 は 1961 ~ 1990 年までの 30 年間の気象データを整理したもののなかから、風速 (ベクトル平均) を抜粋したものである。

　Pilot Chart よりもデータ間隔が狭く緯度 2°・経度 5° の細かさでプロットされており、より風の傾向を掴みやすい。

　図 2.18 の 1 月のデータを利用し、冬季ハワイ方面への遠洋航海計

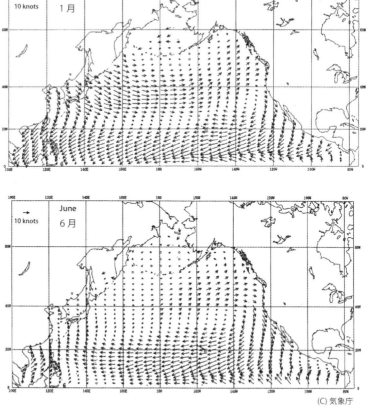

(C) 気象庁

図 2.18 北太平洋海洋気候図ベクトル平均風速図

画を立案してみる。西部太平洋においては偏西風の強風軸が北緯 30 ～
40°に存在することが明確に示されているため、日本出航後は強風軸に
沿って東進し、その後太平洋東部の高気圧の勢力と貿易風の卓越海域を
見ながら南下点を決定する航海計画が適当と言える。

5　　同図 6 月のデータを利用し、夏季北米西岸遠洋航海計画を立案して
みる。梅雨前線南側の近傍では南風が卓越する海域が存在する。梅雨期
に日本を出航する両船は、これを利用して本邦出帆後北緯 30°付近まで
南下して南風をつかんだ後、日付変更線付近で北緯 40°付近に達するま
で比較的低緯度を航行し、太平洋高気圧の北側に出てから偏西風帯を航
10　行して北米西岸に至る航海計画が北米西岸まで帆走を続ける可能性が高
い計画と言える。

(3) 地上解析図

　　図 2.19 は冬季北太平洋天気図 (地上解析図) である。気象が目まぐ
るしく変化する様子を読み取ることができる。

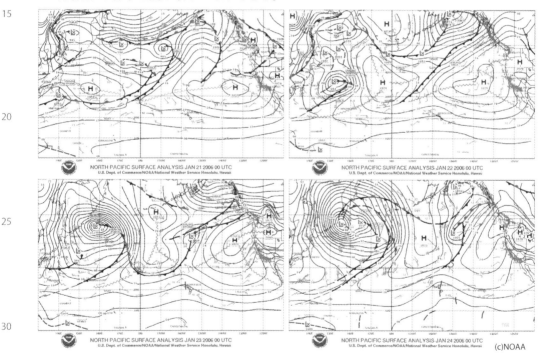

図 2.19 気圧配置の変化 (北太平洋地上解析図 2006/1/21 ～ 1/24 0000UTC)

　　この天気図には主にメソ α スケールの大気運動が記載されており、低
35　気圧や高気圧、前線などが表示される。この天気図は、針路の決定、
yard の開き及び帆の枚数、荒天に対する備えなど、日々の帆船運航に
活用することができる。天気図で扱う大気現象よりも小さな現象を天気
図から読み取ることは難しい。時として帆船に被害をもたらす積乱雲の

急激な発達やSquallの来襲等を的確に判断することはできない。自船
における気象観測結果から天気図に記載されない小さな現象や観測から
漏れている現象を捉えていくことが大切である。

2.4.3   低気圧と高気圧の利用

　風系を理解し高気圧から吹き出す風や低気圧へ吹き込む風を的確に捉
えなければならない。

　目的地に確実に進出して行くには、できる限り順風の吹いている海域
を航行し、逆風の吹く海域の航行を最小限にする必要がある。帆走性能
が高ければ、逆風の海域でもある程度目的地に向かうことができるが、
進出量は大きく減少する。

　北半球において温帯低気圧を利用して、東方への進出量を稼ぐ場合を
考える。図2.20に示すように温帯低気圧と両船の位置関係は、帆船が
低気圧の北側に位置する場合と、南側に位置する場合とに分けることが
できる。

　東進する低気圧の北側では、風向はSE～East～Northへと逆転す
る。両船の場合、風向がSE～EastではClose Hauledで航行してもその
針路はNEからNorthになってしまい(同図N1, N2)東への進出は難し
い。風向がNorth寄りになってからwearing等を実施し、やっと針路
をEastへ向けることができる(同図N3)。

　東進する低気圧の南側では、風向はSE～SW～NWへと順転する。両
船は、温暖前線の東側ではSE風に対しClose Hauled(同図S1)で、温
暖前線を通過し暖域ではSW風に対しBeam reach(同図S2)で、寒冷
前線を通過し同前線の西側ではNW風に対しClean Full(同図S3)で航
行でき、いずれの場合においてもほぼ東に針路を取ることができる。

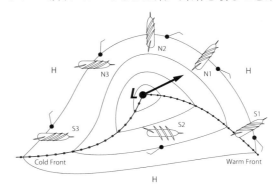

図2.20 温帯低気圧付近における操船法(北半球)

　これらのことを実際の天気図に当てはめてみると分かりやすい。図
2.21の○を付けた付近(低気圧の南側、西側)は東方に進出しやすく、
●の付近(同北側)は進出しにくい。

　このように東方に進出する場合、低気圧の南側に位置することが大切
である。両船が本邦から米国西岸や Hawaii に向かう場合、低気圧の南
側に位置するよう航海計画を立案し、低気圧よりも北上してしまわない
よう航行することが、効率的な航海につながる。

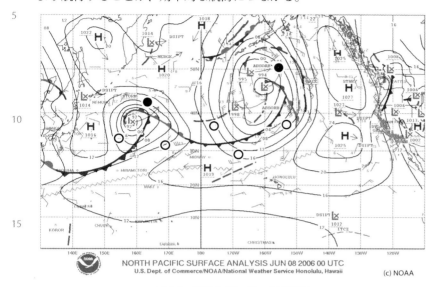

図 2.21 帆船と低気圧の位置関係

【参考文献】

• 『天気図のみかた』下山紀夫、東京堂出版、1998 年
• 『みるみる理解できる天気と気象』ニュートンプレス、2011 年

3　日本丸及び海王丸の帆装艤装

3.1　船体構造

3.1.1　船体構造概略

　日本丸と海王丸の特徴や相違を説明する。

(1) 帆装型式

　初代日本丸・海王丸は 1930 年 (昭和 5 年) に建造され、約半世紀にわたって練習船として活躍した。その栄光の歴史を引き継いだ現在の日本丸は 1984 年 (昭和 59 年) に、海王丸は 1989 年 (平成元年) に代替建造された。

　帆船を建造する場合、どの種類の帆装型式とするかが問題となるが、縦帆型式は切上り性能に優れ、帆の操作も比較的簡単であり、乗組員数も少なくて済み、特に沿岸航路の小型船などに適していた。しかし、縦帆型の帆は荒天時の操帆作業は困難で、正横後からの風に対しては不利であり、帆の損耗も多かった。したがって、遠洋大型帆船では横帆型式が多用された。

　気象条件がことのほか厳しい日本の環境条件のもとで、両船は多人数の実習生を同時に教育する練習帆船として運航されるため、その安全上及び管理上、総トン数 2,500 ～ 3,000ton 程度とすることが最適とされた。

　この程度の大型帆船では **Ship 型**と **Barque 型**とがあり、過去の実例と当所の運航実績から 4 檣 Barque 型とした。帆装型式以外にも、mastの高さと配置、yard の長さ、帆の面積と風圧中心等帆走性能に関することや機走時の推進抵抗等検討すべきことは多かった。日本丸の代替建造に際して実施された各種の実験と調査の結果とそれまでの運航実績とを比較検証し、建造に取り掛かった。海王丸は日本丸の建造及び建造後の極めて優れた運航実績を踏まえて建造された。

(2) 船殻構造と固形 ballast

　長期の耐用年数を考慮して、主要構造部材の板厚は鋼船構造規則要求の 10% 増とし、水線下の海水に接する外板や清水に接するタンク囲壁は規則要求の 5mm 以上増厚となっている。また、固形 Ballast 区画や Shaft tunnel 区画の二重底内底板は定期的な目視検査の困難性と防振効果を考慮して、30mm 板厚の鋼板とするなど増厚を図っている。

　二重底内及び二重底内底板上に幾らかの空間を確保して固形 ballast 区画とし、定形状の銑鉄製 block 等を搭載して船底付近を重くし、安定性を高めている。その搭載量は日本丸で約 780ton、海王丸で約 660ton である。

(3) 日本丸と海王丸の相違

　両船の主たる相違は次の 3 点に絞られる。

　(a) 日本丸は船舶救命設備規則に規定された第 1 種船に係る規則を一部準用しているものの、第 3 種船として建造された。一方、海王丸は純然たる第 1 種船として建造された*。日本丸は商船教育機関からの実習生を受け入れて、教育訓練のみを目的として運航されるのに対し、海王丸では建造に至るまでの経緯から、教育訓練に加えて一般青少年等に対する体験航海等をも対象として運航されるからである。

　(b) 日本丸の propeller は **Fixed Pitch Propeller (FPP)** であるのに対し、海王丸では **Feathering 式 Controllable Pitch Propeller (Feathering 式 CPP)** を採用した (図 3.1)。Feathering 式 propeller の存在は日本丸建造時にも知られていたが、使用実績がそれ程多くないため採用を控えた。その後、大型船での実績が認められたため海王丸に採用した。

　propeller は帆走中の帆船にとって抵抗となるばかりである。Fixed Pitch Propeller の場合、帆走速力によって遊転する場合と遊転しない場合があり、日本丸の実績では約 8kn で遊転が始まり、約 4kn で遊転が止まる。遊転が始まれば速力は 1 ~ 2kn 増大する。比較的低速域でいかに効率良く帆走するかが帆船運航の要点であり、運航者は遊転状態を維持し続けようと努力する必要がある。一方、propeller 翼を Feathering 状態にすれば抵抗を大幅に軽減できる。帆走速力 6kn の場合、Feathering 状態では Fixed Pitch Propeller 遊転時より 0.3kn、非遊転時より 1.0kn の速力向上が期待できる。海王丸が Square yards で帆走中に、propeller が遊転している場合と propeller を Feathering 状態にした場合における速力率比較の実験結果によると、後者の方が約 5% の速力率の向上が見られた。

　(c) mast を支える静索の端末処理について、日本丸では mast 側を従来からの **Mast 大回し方式**とし、他端に **Socket 方式**を採用した。海王丸では日本丸での Socket 方式の実績を踏まえて両端末とも Socket 方式とした (10.3 節参照)。

　上記(a)の相違により、船殻構造、艤装、あるいは帆装艤装の上で数々の違いが生じた。

　海王丸は日本丸に準じて建造されたので主要目についてはほぼ同じではあるが、満載喫水については日本丸が 6.29m(喫水標では 6.57m) であるのに対し、海王丸は 6.20m(喫水標では 6.58m) である。この差は重量にして約 85ton になる。しかし、復原性能についてはほぼ同一としたので、海王丸の場合、船底部をより重くし、重心よりも高い位置での軽量化を図って重量軽減量 85ton を捻出した。

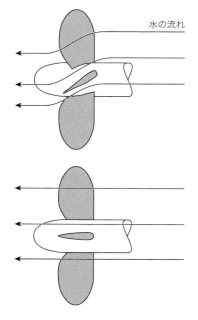

水の流れ

図3.1 FPP (上)及びFeathering式CPP

* 2001 年 9 月、海王丸を第 3 種船に変更した。

　　Bar keel は水槽試験の結果から帆走中の斜航を少なくする効果があ
ることが知られている。日本丸の Bar keel は 250mmH × 100mmB で
あるのに対し、海王丸では 350mmH × 200mmB と大型化するとともに、
Bar keel 周辺の構造材を日本丸よりも厚くしている。

5　**(4) Bowsprit 及び Mast**

　　mast、yard など帆装艤装円材は中空円筒形状の鋼板溶接構造となっ
ており、Bowsprit 及び mast の鋼材は一般構造用圧延鋼材を用いている。
　　4 本 mast のうち、Fore、Main 及び Mizzen mast の heel は第 2 甲板上に、
Jigger mast は上甲板上にそれぞれ溶接されており、甲板貫通部も溶接
10　構造となっている。Jigger mast は単一の **Pole mast** であるが、他の 3
本の mast は **Lower mast** 及び **Topgallant mast** の 2 本に分割されてい
る。Topgallant mast は Lower mast 頂部に溶接で取り付けられた cap
band を貫通し、Gallant-top でその重量が支えられている。Topgallant
mast 下部の Gallant-top には腐蝕状況が視検できるよう開口が設けられ
15　ている。また、Topgallant mast の旋回を防ぐため、ステンレス製の fid
を用いている。なお、初代日本丸・海王丸のような Lower mast 沿いに
Topgallant mast を揚降することは不可能な構造となっている。
　　Bowsprit は鋼製単一構造の spike bowsprit である。その heel は揚錨
機室前面の鋼壁に溶接構造で取り付けられているが、sunken forecastle
20　deck 貫通部は溶接構造とせずに、ボルトナットで締め付けている。溶
接構造では、荒天時に Bowsprit が撓みを繰り返し、亀裂が入りやすい
からである。その構造上、締付け部から海水がわずかながら入り込むの
はやむを得ないため、drain 抜きが設けられている。
　　mast は後方へ**傾斜 (rake)** している。これは shroud や stay の展張の
25　容易さ、yard 開き角度の確保及び外観上の美観を目的としたものであ
る。後方の mast ほど傾斜が大きいのは、風上に切り上げた針路で帆走中、
総ての帆に風が入りやすいことを考慮してのことと言われている。一方、
Bowsprit には Jib の操帆作業の安全と美観のために仰角が与えられてい
る (10.2 節参照)。

30　**(5) Yard 及び Gaff**

　　各 mast のそれぞれに対応する各 yard は帆に互換性を持たせるため、
同一寸法とした。
　　鋼材については日本丸と海王丸では一部異なるものがある。日本丸
の場合、操帆作業の容易さを考慮して上下方向への**可動 yard** (Royal,
35　Upper Topgallants'l, Upper Tops'l) のみに**高張力鋼**を用い、yard の軽量
化を図った。これに対し、海王丸では前述した重量を削減する目的で総
ての yard, gaff 及び boom に高張力鋼を用いた。
　　yard に帆を取り付けるための jackstay と作業用の safety stay にも両

船で違いがある。日本丸では直径 22mm の丸鋼を用いているのに対し、海王丸では呼び径 15mm の肉厚鋼管 (sch160) を用いて軽量化を図っている。このように yard, gaff 及び boom に付属する帆装金物全般について、重量削減の必要性から両船間には多少の違いがある。

　なお、初代日本丸・海王丸では Spanker は 1 枚であったが、それらよりも一回り大きくなった現在の両船では、操帆作業の容易さを考慮して 2 枚の Spanker とし、そのため gaff も 2 本となっている。

　帆走性能のうちの重大なものの一つである切り上り性能は yard をどのくらい旋回できるかに直接的に係わっている。両船とも船首尾線に対し、3 点弱まで旋回することができる。yard を限界まで旋回する場合、特に Fore Upper Tops'l Yard に注意しなければならない。Upper Tops'l を展帆する場合、あらかじめ sheet を引き込むが、特に Fore Upper Tops'l では sheet が十分引き込まれていない状態で yard を引き上げた場合、Fore Upper Tops'l Yard と Fore Topmast stay が接触し、yard を限界まで旋回できないからである。

(6) 静索 (Standing rigging)

　長年月の耐用期間を考慮して、静索には最高純度の亜鉛メッキを施した鋼索を使用している。鋼索を stay 等として施工する際や、施工後の伸びを減ずるために、**Pre-tension (高張力) 加工**が行われた。静索には serving を施している部分と施していない部分があり、いずれにも定期的に tar 油を塗布して維持する必要がある。

　両船における静索の端末処理の違いについては、既に 3.1.1(3) で述べた。静索を交換する必要が生じた場合、両端とも Socket 方式の方が片端が Mast 大回し方式よりも簡単である。

　強風下で帆走すれば mast は歪むから、風上側の静索にはより強い張力が掛かり、風下側のものは緩む。この場合、大回し方式には比較的自由度があるのに対し、Socket 方式では socket を取り付けるための金具の角度が固定されているので、張力に加えて曲げ応力が金具に掛かることになる。この点、問題の生じないよう十分検討し設計されているが、自然の力の偉大さと長年月の耐用期間を考慮すれば、普段から注意しておく必要がある。一方、Mast 大回し方式では、静索が重なり合っている箇所では目視検査が困難なため、腐蝕の進行に注意する必要がある。

(7) 動索 (Running rigging)

　海王丸の重量削減は動索関係にも及んでおり、日本丸と多少違いが生じている。特に目立った相違は横帆の sheet にある。sheet は yardarm, yard そして mast 沿いに導かれ、滑車を介して合成繊維索につながる。日本丸の場合、横帆の clew から mast 沿い中間まで鎖を用い、鋼索につないで滑車 (一部、直接滑車へ) へ至るが、海王丸では clew から

yardarm 付近のみを鎖とし、鋼索につないで滑車へ至っている (参考：日本丸は 2000 年 9 月期の入渠工事にて海王丸と同様の構造とした。)。

　以上、帆装艤装を船体構造的観点から述べるとともに、日本丸と海王丸との相違も示してきた。帆、動索等も含めた帆装艤装の総重量は日本丸で 157ton、海王丸では 150ton になる。

3.2　帆及び動索

3.2.1　帆

　日本丸・海王丸のような横帆船は**横帆 (Square sail)** と**縦帆 (Fore and Aft sail)** とで構成される (図 3.2)。

(1) 横帆

　横帆 (同図において名称が上部に記載されているもの) とは yard に取り付けられた帆で、両船は Fore, Main, Mizzen の各 mast に 6 枚、計 18 枚の横帆を持つ。yard を旋回させることによって帆の向きを調整することができる。

(2) 縦帆

　縦帆 (同図において名称が下部に記載されているもの) とは各 mast の fore and aft stay に取り付けられた stays'l と、Jigger mast の boom 及び gaff に取り付けられた Spanker と Gaff tops'l とがあり、両船は計 18 枚の縦帆を持つ。Spanker 及び Gaff tops'l は vang, guy, boom sheet の操作により boom と gaff の開きを調整することができる。

3.2.2　動索の種類

　帆や yard を操作するための索具を**動索**という。動索には次のものがある。

　　halyard (halliard): 帆又は yard を引き上げる動索

　　sheet: 帆の clew 部に取り付けられ、展帆時に張り込む動索

　　clewline: square sail の clew 部に取り付けられ絞帆時に clew を引き上げる動索

　　downhaul: 絞帆時に帆又は yard を引き下ろす動索

　　buntline: square sail の foot に取り付けられ絞帆のときに foot を引き上げる動索

　　brail: Spanker の leech に取り付けられ Spanker を絞る動索

　　tripping line: Fore and Aft sail の clew、Spanker の foot、Gaff Tops'l の tack を引き上げる動索

　　tack: Course の clew を前方に引っ張る動索及び Gaff Tops'l の tack 部に取り付けられ、展帆時に張り込む動索

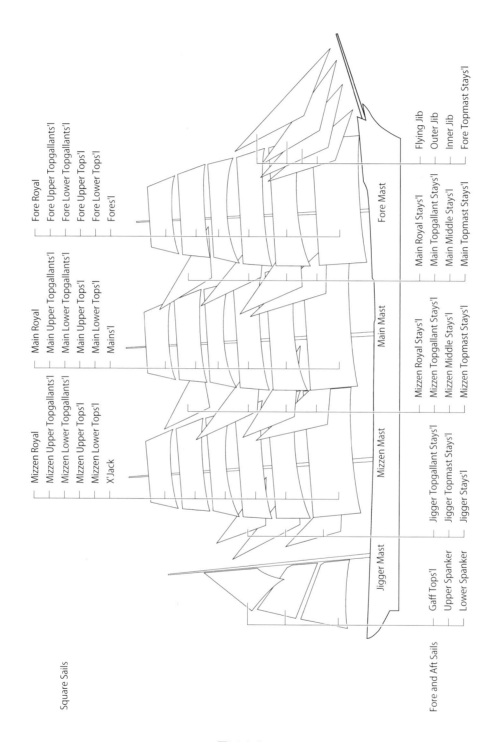

図3.2 Sails

Square Sails

Fore Royal
Fore Upper Topgallants'l
Fore Lower Topgallants'l
Fore Upper Tops'l
Fore Lower Tops'l
Fores'l

Main Royal
Main Upper Topgallants'l
Main Lower Topgallants'l
Main Upper Tops'l
Main Lower Tops'l
Mains'l

Mizzen Royal
Mizzen Upper Topgallants'l
Mizzen Lower Topgallants'l
Mizzen Upper Tops'l
Mizzen Lower Tops'l
X'Jack

Fore Mast

Main Mast

Mizzen Mast

Jigger Mast

Flying Jib
Outer Jib
Inner Jib
Fore Topmast Stays'l

Main Royal Stays'l
Main Topgallant Stays'l
Main Middle Stays'l
Main Topmast Stays'l

Mizzen Royal Stays'l
Mizzen Topgallant Stays'l
Mizzen Middle Stays'l
Mizzen Topmast Stays'l

Jigger Topgallant Stays'l
Jigger Topmast Stays'l
Jigger Stays'l

Gaff Tops'l
Upper Spanker
Lower Spanker

Fore and Aft Sails

bowline: 一杯開きで帆走中に Course の風上 leech を船首方向に張り
出す動索

brace: yard を水平方向に旋回させる動索

lift: yard や boom を支える吊り索

3.2.3　横帆と動索との関係

(1) 横帆の構造

横帆を展帆、絞帆するのに yard を上下に移動させるものと、yard は
固定されたままで帆の下端を上下させるものとの 2 方式がある。前者
は Upper Tops'l, Upper Topgallants'l 及び Royal であり、後者は Course,
Lower Tops'l, Lower Topgallants'l である。

図 3.3 に Course (Fores'l, Mains'l, X'jack) の構造及び名称を示した。
他の横帆には bowline bridle と bowline lizard がなく、buntline 数など
に違いがある。以下に、各横帆と動索との関係を説明する。

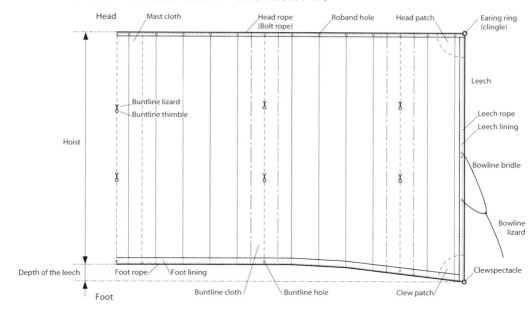

図3.3 横帆(Course)の構造及び名称

(2) Lower Tops'l (Lower Topgallants'l) と動索との関係

帆の clew を sheet で下に引くことによって展帆し、clew を clewline
で引き上げることによって絞帆する。展帆、絞帆が容易な帆である。

展帆　引く動索　　　　sheet

　　　伸ばす動索　　　clewline, buntline

絞帆　引く動索　　　　clewline, buntline

　　　伸ばす動索　　　sheet

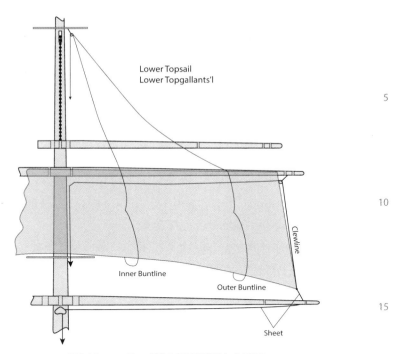

図3.4 Lower Tops'l等の動索(船首から見る)

(3) Upper Tops'l (Upper Topgallants'l) と動索との関係

　　yard を halyard で上下することにより展帆、絞帆する。yard 自体を
上げるため多くの人手を必要とし、Upper Tops'l の展帆には最も人手を
必要とする。絞帆では yard を降下すれば良いため、素早い絞帆が可能
である。

展帆	引く動索	sheet, halyard
	伸ばす動索	downhaul, buntline, brace, 直上帆の sheet
絞帆	引く動索	downhaul, buntline, brace
	伸ばす動索	sheet, halyard

(4) Royal と動索との関係

　　この帆は Lower Tops'l と Upper Tops'l との中間的な展帆方法を採用
している。clew を sheet で引き下げ帆の下半分を展帆した後、halyard
で yard を持ち上げ上半分を開く。また、yard を降下した後、clewline
で clew を引き上げることによって絞帆する。

展帆	引く動索	sheet, halyard
	伸ばす動索	clewline, buntline, brace
絞帆	引く動索	clewline, buntline, brace
	伸ばす動索	sheet, halyard

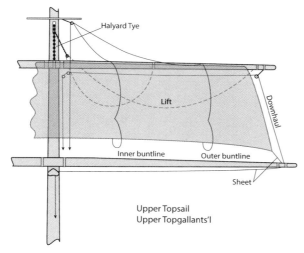

図 3.5 Upper Tops'l の動索（船首から見る）

(5) Halyard

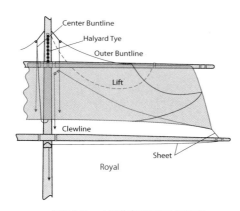

図3.6 Royalの動索(船首から見る)

Upper Top yard, Upper Topgallant yard, Royal yard を持ち上げるには、それぞれ専用の halyard を用いる。図 3.7 に Upper Top yard の halyard を示す。

(6) Course と動索との関係

Course は Lower Tops'l と同様に、clew を sheet 又は tack で引いて展帆し、clew を clewgarnet で持ち上げて絞帆する。図 3.8 に動索の概略を示す。

展帆　引く動索　　　　sheet, tack
　　　伸ばす動索　　　clewgarnet, buntline, leechline
絞帆　引く動索　　　　clewgarnet, buntline, leechline
　　　伸ばす動索　　　sheet, tack

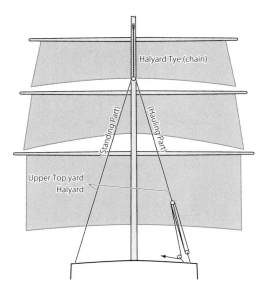

図3.7 Upper Top yard Halyard (船尾から見る)

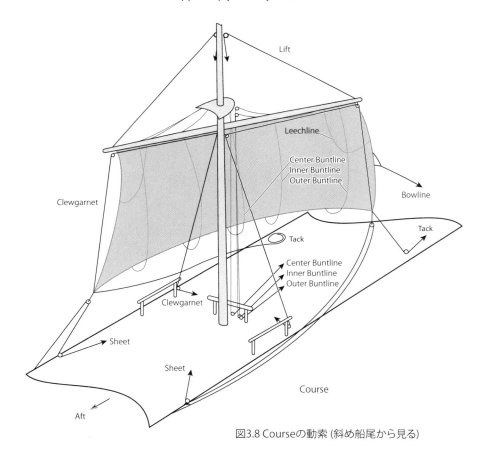

図3.8 Courseの動索 (斜め船尾から見る)

(7) 横帆の絞帆状態

　絞帆状態における横帆と動索との関係を示す。

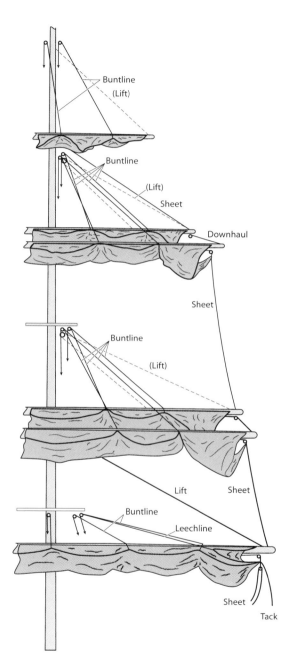

図3.9 横帆の絞帆状態(船首から見る)

3.2.4　縦帆と動索との関係

(1) 縦帆の種類及び構造

　　縦帆には各 mast の fore stay に取り付けられている Jib 及び Stays'l と、Jigger mast に直接取り付けられる Spanker と Gaff tops'l がある。

　　これらの sail は hank 等によって取り付けられ、halyard, outhaul, sheet, tack によって展帆される。

　　縦帆の構造及び名称を図 3.10 ~ 3.12 に示す。

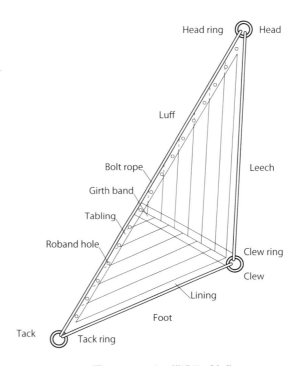

図 3.10 Stays'l の構造及び名称

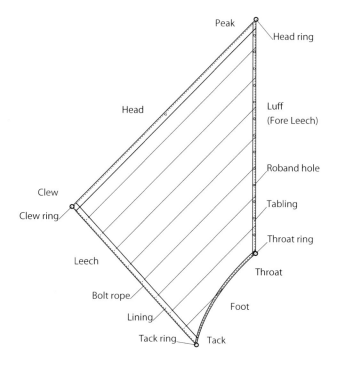

図 3.11 Gaff tops'l の構造及び名称

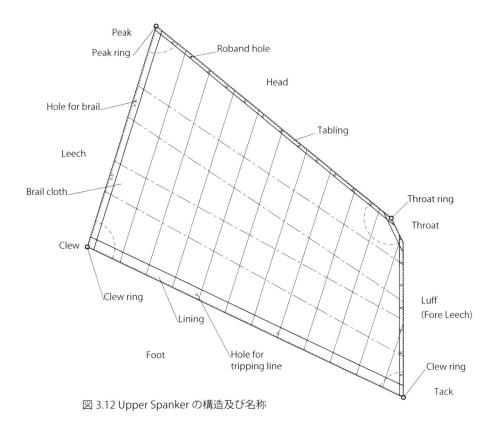

図 3.12 Upper Spanker の構造及び名称

(2) Jib, Stays'l と動索との関係

展帆	引く動索	halyard, sheet
	伸ばす動索	downhaul
絞帆	引く動索	downhaul
	伸ばす動索	halyard, sheet

(3) Gaff Tops'l と動索との関係

展帆	引く動索	halyard, sheet, tack
	伸ばす動索	downhaul, tripping line
絞帆	引く動索	downhaul, tripping line
	伸ばす動索	halyard, sheet, tack

(4) Spanker と動索との関係

展帆	引く動索	foot outhaul, head outhaul
	伸ばす動索	head inhaul, foot inhaul, Brail, tripping line
絞帆	引く動索	head inhaul, foot inhaul, Brail, tripping line
	伸ばす動索	foot outhaul, head outhaul

(5) 縦帆の絞帆状態

絞帆状態における縦帆と動索との関係を示した。

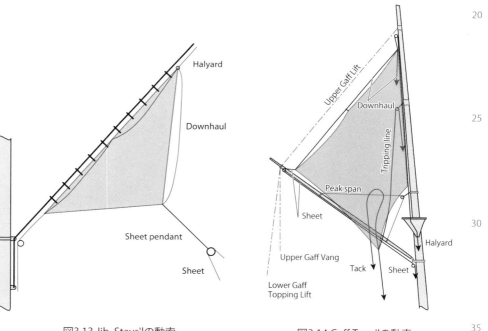

図3.13 Jib, Stays'lの動索　　　　図3.14 Gaff Tops'lの動索

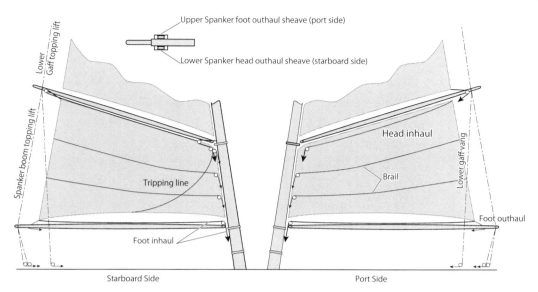

図3.15 Spankerの動索

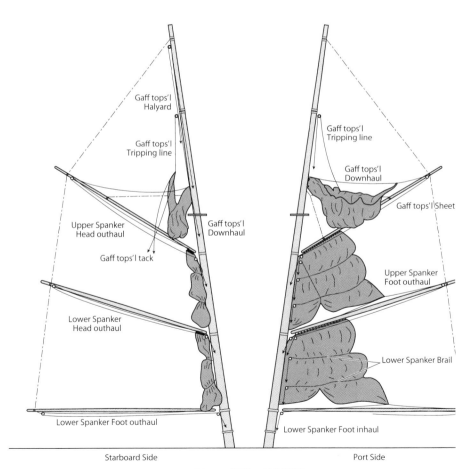

図 3.16 縦帆の絞帆状態

3.2.5　動索配列及び経路

(1) 動索の配列

　動索は互いに絡み合わず、できる限り摩擦が少なくなるよう mast, yard あるいは rigging に沿って導かれ、その操作側端末は belaying pin に係止される。300 を超える belaying pin は操作性を考慮し、次の基準のもとに配置されている。これをできる限り早く覚え、安全・確実かつ迅速な操作ができるようにしなければならない。

　Upper - Outer：同じ種類の動索は上方の帆のものほど船尾側又は外側に配置されている。

　Outer - After：一つの帆について、同じ種類の動索は外側のものが船尾側又は外側に配置されている。

　Halyard, Downhaul は左右交互：横帆及び縦帆の halyard は両舷の pin rail に左右交互に配置されている。stays'l (Jib を含む) の downhaul は船首尾線中央を境に左右交互に配置されている。

　操帆するには、各動索の belaying pin 配置を理解する必要がある。belaying pin 配置の記憶法の例として次の 2 例を示す。

　fife rail では、両舷船首側から以下の順に配置されている。

　ダ　　Upper Tops'l downhaul
　シ　　Upper Tops'l sheet
　リ　　Lower Yard lift
　シ　　Lower Topgallants'l sheet
　シ　　Upper Topgallants'l sheet
　シ　　Royal sheet

Fore, Main, Mizzen mast の pin rail では、両舷船首側から以下の順に配置されている。

　クル　Clewgarnet
　クル　Lower Tops'l clewline
　クル　Lower Topgallants'l clewline
　ダン　Upper Topgallants'l downhaul
　クル　Royal clewline

　しかし、これら 5 本の動索は連続して配置されている訳ではなく、その間には leechline や buntline が配置されている。だが、上方を見れば leechline や buntline は Bullseye fairlead を介して導かれているから容易に区別がつく。

　これらの配置例を図 3.17 に示した。実際の配置は図 12.15 ～ 12.22 を参考にされたい。

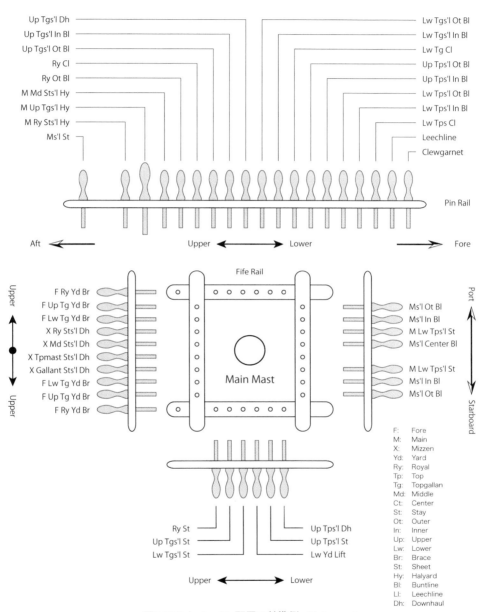

図3.17 Belaying Pin配置の基準例 - Main mast

(2) 動索の経路

動索を導く経路はその動索の役目によって異なる。

yard を旋回させる brace は後方の mast 等を介して導かれる。brace の経路を図 3.18 に示した。

展帆あるいは絞帆するための sheet, clewline 及び buntline はその帆の直下に導かれる。stays'l は mast 間に展帆されるから、halyard, downhaul 及び sheet はそれぞれ全く異なった経路で導かれる。これらの各動索の経路の概要は図 3.4 ～ 3.9、図 3.13 ～ 3.16 に示したので、それらを参照されたい。

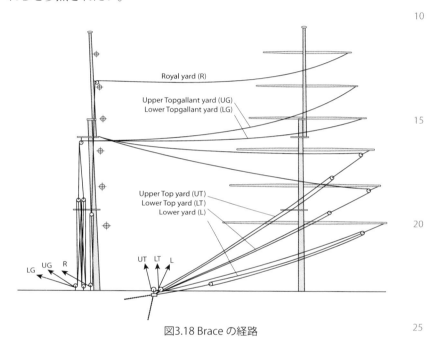

図3.18 Brace の経路

4　帆船の高所作業

　海技教育機構所属練習帆船における高所作業の一般原則は、事項に説明するとおりであるが、練習船においてこれを行う意義は以下にある。

練習帆船：
日本丸 (1984)、海王丸 (1989)
4檣バーク型
マスト高さ：甲板上約 45m
帆 (セイル) 総数：36 枚 (総帆)

(1) 船舶の高所作業

5　　一般的に船舶における高所作業は、高所、暗所、密閉区画の作業環境を有し、加えて、船体動揺や傾斜等の悪条件が重なる場合を想定しなければならず、陸上の作業環境と比較すると、極めて特殊な環境において、安全に高所作業を遂行する必要があるため、船舶職員として船舶に乗り
10　込む前には、以下の事項について理解するとともに、その特殊性に対処する作業技術を習得することが求められる。

① 　船艙等の船内閉鎖区画やマストやクレーン等の甲板上の構造物の点検・整備等は船員自らに課せられたものであり、適切な安全対策や安全用具を使用してそれらを実施することは、船種によらず共通である。

15　② 　高所への昇降に加え、作業者が自らの安全を確保した上でそこで作業を行わなければならず、移動や作業中における身のこなし、動揺等の外的要因により生じる危険への対処方法等は作業経験を介して会得し得るものである。

③ 　複数人での作業を前提に、自らの体重移動が共同作業者へ与える影
20　響や配慮の必要性、共同作業者同士や作業監督者との意思疎通の重要性や留意点等も、現場における反復習熟に依存する性格を併せ持つ。

(2) 作業前の準備

　船舶の整備作業においては、高所作業をはじめ、火気取り扱い作業や舷外作業等の危険を伴う諸作業を要し、各作業は法令で定められた安全
25　基準や個別作業基準の遵守を前提として、安全かつ効率的に遂行されなければならず、適切な準備や対策、経験が不可欠であり、次に示す事項を、作業前に理解する必要がある。

① 　構造、部材の名称や作業環境 (高所、昇降設備、足場) の特性を理解し、それらに潜在する危険を事前に把握する。

30　② 　作業方針や立案された計画に基づく打合せ等を通じて、適切な意思疎通や危険予知に努める。

③ 　特殊な作業に臨むにあたり、適切な教育を受けることで強い心構えを持ち、心身の健康や体力の維持を通じて自己管理能力を養う。

(3) 練習帆船における高所作業の意義

35　　以上に述べた特殊性を理解し、事前準備を図ることは一般的な注意事項であるが、推進力を主機関に代えてセイル (帆) に依存する練習帆船では、セイルの取り扱いに代表される「集団での高所作業」を伴う航海当直 (帆走当直) が不可欠であり、その乗組員・実習生の高所作業技術は、

帆走性能を左右する大きな要因である。

　暴露甲板上での24時間連続した帆走航海当直では、風雨や湿気のため、足場や手元が濡れて滑りやすく、また、風をセイルに受けて航走するため、大きな船体動揺を生じ、一般船舶とは大きく異なる作業環境の中を、マストやヤードへの昇降はもとより、両手を用いた高所作業を実施しなければならない。安全に目的地に航海するために、常にセイルを広げ（展帆）、又畳む（畳帆）作業が伴うため、昼・夜を問わず、また環境を選ばずに、高所作業が発生する可能性がある。

　帆走当直による航海成就は、適切に訓練された安全な高所作業及びその指揮に依存するため、適切な安全用具の使用はもちろんのこと、自己管理、作業者・指揮者相互間の意思疎通、作業方針・計画の理解に努めることが自然に各自に求められ、これら能力は一般の船舶職員に必要とされる安全管理能力を構成する重要な要素である。

　このように、帆走当直（セイルの取り扱い）において求められる練習帆船における高所作業は、一連の知識及び技術を網羅的に体得することに寄与し、次に例示する成果を伴うため、船舶職員育成において大きな意義を有する。

①　帆走航海の成就の共有目標を設定し、総合的な実践を経験することで、それぞれの要素を互いに関連付けて理解する。

②　作業に応じた用具の選定、使用、特性や制限、点検整備要領等について熟知し、安全管理者に必要とされる専門的知識を実学一体的に習得する。

③　参加意識を感じやすい環境下における多面的な経験学習により、安全風土醸成に対する能動的な姿勢を培う。

④　船舶の特殊環境下における諸作業に通じる安全対策を、帆走航海を通じ、不断の注意力を有して体得する。

　以上のように、練習帆船における「帆走航海（訓練）」を成就するためには、登檣（とうしょう）し、マスト上の高所において作業を行うこと（高所作業）が不可欠である。また、帆船にとって操帆が素早くできることは汽船にとって主機関の発停が迅速に行われるのと同様に、操船上最も重要な条件となる。

　船舶は気象及び海象の影響を免れ得ない海上にあって、安全のため比較的穏やかな海域を航行することを現代の一般商船は常に希求する。しかし風の恩恵を受けて目的港に向かう帆船にとって風のない状態（凪）は、汽船にとっての機関が使えない状態と同様であり、そのような意味で帆船というものは、風が吹き波浪が生じ船体動揺も見込む海域を選んで航海を成就させるのであって、その状況下、マストに登って行う帆船

登檣（とうしょう）：
主としてシュラウド（縄梯子）や渡りホースを使用したマストの昇降及びヤードへの移乗を指す。

操帆：
ヤードに固縛されている帆を解き、解いた帆を広げ、広げた帆を絞り、絞った帆を畳んで固縛することを、それぞれ解帆、展帆、絞帆、畳帆といい、特に展帆と絞帆の作業を合わせて操帆という。
操帆は、作業監督する航海士、作業に従事する実習生及び甲板部員をマスト毎に配置して、（長船首楼甲板の船尾風上に位置する）船長の指揮により実施される。登檣を要する解帆、畳帆共に2時間程度を要す（操帆の所要時間、人数・時間は期毎及び練度等により変動）。

の高所作業は大変特殊であるものと言える。

　一方、たとえ凪であったとしても海上を進む船舶上では、振動、動揺は常に生じ、これに気象や海象状況が加わるという海上労働の特殊性では、船舶に適用される高所作業に関する安全基準は、陸上作業場のものと適用すべき法律(規則)が異なるものである。

　事故及び災害の防止を図り、安全に作業を遂行するため、時代を超えて海技者に伝承される慣習はもとより、陸上作業場における諸規則にも倣い、帆船の高所作業に係る安全対策及び安全設備に触れながら、練習帆船における高所作業について説明する。

4.1　一般原則

　練習帆船の高所作業に際して、一般的な原則及び考慮事項を作業者及び作業監督者からの観点で示す。

(1) 心理状態及び体調等

　作業者は、乗船期間を通じて心理状態及び体調を良好に保つよう努め、高所作業のリスクを認識するとともに高所作業に従事する際にはそのリスクを回避できる状態であることを自覚しなければならない。

　他方、作業監督を務める航海士は、高所作業前には「体調、睡眠等」に係る作業者からの自己申告機会を設け、「訓練又は作業への参加適否」を判断する。暴露甲板上にて天候に身体が晒された高所作業中の体調等変化には、常時その兆しの察知に努めなければならない。特に、登檣訓練(初期導入期間)中の「体調及び心理状態の把握」確認及び「指導者間での情報共有」は重要である。

(2) 十分な知識と確実な安全動作

　帆装艤装を含む設備や、登檣手順の知識は多岐にわたるため、知見を有して、模範を示しながら訓練指導する航海士には相応の経験が求められる。

　高所作業で必要となる用語、設備及び手順等の基礎知識や、基準、要領及び注意事項等について、講義等を通して作業者に理解させ、安全に高所作業を実践できるよう指導することが必要である。

　作業者は不明確なままに登檣や作業をすることなく、知識を身につけたうえで作業に臨まなければならない。

(3) 事故及び災害の未然防止及び発生時のリスク低減対策

　高所作業に関わる航海士及び甲板部員は、高所作業に関して定める要領、手順及び安全用具の適切な使用及び維持管理を理解した上で、指導や作業に臨まなければならない。また、設備及び手法に係る見直しや改善を定期的に行うことで安全な作業環境を追求していくことも重要である。

法律(規則)

海上：船員法
　　　(昭和二十二年法律第百号)船員労
　　　働安全衛生規則

陸上：労働安全衛生法
　　　(昭和47年法律第57号)
　　　労働安全衛生規則

作業者：
実習生、乗組員(主として甲板部員及び航海士)

航海士：
特記しない限り「航海士」とは、高所作業に従事する作業(者)を「監督」する責任を有す。「監督」には、事前説明、作業監督及び作業後点検の知見を要す。

登檣訓練：
登檣に係る初期訓練。高所作業(セイル取り付け、操帆作業等)に従事する前に実施する。

(4) 安全標語

　練習帆船では、登檣を含む操帆作業において、連綿と受け継がれた以下の安全標語があり、適時にこれら標語を発声し、意味するところを再確認して安全意識を持って諸作業に臨んでいる。

【高所作業における安全標語】
- 片手は船のため、片手はおのがため
- 棚からぼた餅、マストからスパイキ
- 登るのは七つ道具をひもでつり
- 待てしばし、レッコの先の大戦 (おおいくさ)
- 動く綱、もたれたときが運のつき
- 風上、風下で地獄、極楽
- 声かけて、力合わせて、安全作業
- 上と下、思いやりでいい仕事

4.1.1　　安全の確保

　作業者は、高所においては自身の安全確保を優先すべきである。

　高所において身体が危険に陥ることが想定されたならば、作業者はあらゆる身体機能 (四肢等) を利用して安全確保に努めなければならない。

　「**片手は船のため** (作業の実施)、**片手はおのがため** (身体の安全確保)」は、それら安全確保に係る注意力の散漫を戒める高所作業における原則である。

4.1.2　　注意力の維持

　高所作業はそれ自体が潜在的な危険を伴うため、定められた作業手順を正確に守り、注意事項を厳守して作業にあたらなければならない。

　航海士は、作業効果、能率及び時間を考慮すると、比較的短時間の内に「総員の登檣 (高所) 作業を終えること」が、総合的なリスク低減につながることを念頭に置くものの、あらゆる場面において、作業者 (実習生・甲板部員・航海士等) が慌てる又はその意識を持つことがないよう注意を払わなければならない。

4.1.3　　体重と握力

　定期的な点検整備を実施していても、梯子を構成するラットライン (**ratline**) が切断することや、誤ってラットラインから足を踏み外すことは想定される。

　安全用具を装着しているとはいえ、登檣中は常に片方の手はシュラウド (**shroud**) 等を掴むとともに、足の踏み場を確実に確かめながら移動

ラットライン (ratline)：
shroud に水平に索を渡して作ってある縄梯子又はその索。

シュラウド (shroud)：
各 mast head から両舷側へ張り mast を正横方向に支えている鋼索。

5

10

15

20

25

30

35

することを念頭に置き、不意に身体のバランスを崩したときにさえ、自らの片腕力によっても身体を支え安全な状態に復帰できるよう、日頃から体重と握力の関係を自覚し、また必要な体力を維持するよう努力が必要である。

4.1.4　静索 (standing rigging) と動索 (running rigging)

高所で索具 (gear) を掴み身体を支える時は、shroud やバックステイ (backstay) などの静索を掴み支え、動索に頼って身体を支えてはならない。やむを得ず動索を利用する時は、索具の端が係止されていることを確かめ、加えて複数の動索をまとめて掴み、徐々に体重を掛けて安定することを確かめてから身体を支える注意が必要である。

「動く綱、もたれたときが運のつき」

4.1.5　足場の確認

高所での「足場」には、マスト昇降に使用する ratline、ヤード (yard) への移乗に使用する渡りホース (horse)、ヤード上作業時のフートロープ (foot-rope) やフレミッシュホース (flemish horse) などがある。

いずれも体重を掛ける前には足場の安全を確かめる必要がある。また、降雨時等では滑りやすいので特に注意を要す。

4.1.6　他者への注意と配慮

登檣作業に際しては、自身の動作が他の作業者へ及ぼす影響に注意を払う必要がある。例えば、foot-rope を踏ん張ってヤード上で複数名で作業している時、「一人が foot-rope を弛ませたり、急に強くけったりする」と、動揺により、他の作業者に不意のショックを与えるだけでなく、大きな危険を及ぼすことになる。

「上と下、思いやりでいい仕事」

また、高所から必要に応じロープを甲板上へ落下させる作業では、事前ミーティングで相互理解を図っておくとともに、実際の作業では、互いに声を掛け合い、ロープを投下する作業者は、他の作業者に注意を払わなければならない。

「待てしばし、レッコの先の大戦 (おおいくさ)」

4.1.7　共同作業

共同作業で安全に、かつ効率よく作業を進めるためには、チームワークが必要である。共同作業では互いに声を掛け合い、調子を合わせることに努める。

「声かけて、力合わせて、安全作業」

静索 (standing rigging)：
mast を前後に支える stay(鋼索、シュラウドはステイの一部) などを指す。動かない。

動索 (running rigging)：
帆や yard を操作するための索具 (化繊ロープや鋼索、シートやバントライン) などを指す。索端をビレイピンなどに係止していない場合には動くため、体重 / 体勢を保持する為に使用してはならない。

バックステイ (backstay)：
mast の後方支索。

ホース (horse)：
foot-rope の別名。

フートロープ (foot-rope)：
yard 作業の足場にするため stirrup により yard の後側や Bowsprit の両側等に取り付けられた rope=horse。

フレミッシュホース (flemish horse)：
yardarm に付加的に取り付けられた foot-rope。

レッコ (let go 〜)：
英訳：〜を放す。(慣習では投げる、やり放す等)
使用例
　錨投下：「let go port anchor」
　帆船：「let go and haul(帆走操船中)」

高所での共同作業 (畳帆作業)：
個人の力では決して進められない。作業者には共通の知識と、目的を実現できる体力、精神力が求められる。

4.1.8　風上と風下

　暴露甲板上では、常に自身で風向・風力を確認する姿勢が求められる。マストの昇降に際しては、風上側の shroud を使用して「背中に風を受ける体勢」を原則とする。

　これを逆に風下側を昇降すると、風によって「身体が外へ (海の方へ) 押し出されることになる」など、危険な状態となるからである。

　後述するが、例えば解帆に際しては、「ダブルヤード (double yards) の下側から、更にはその風下側から」作業を始めるという原則がある。このように「風上か風下」を考慮して作業を行うことにより、高所作業を安全かつ円滑に短時間で実施することができる。この原則を疎かにすると、帆を激しく拍動させて自身も含め他の作業者に危険を及ぼし、拍動によって帆を傷める事態を招くこととなる。

「風上、風下で地獄、極楽」

　前述「4.1.7 共同作業」 の実践を含め、作業を効率的に進めることは、高所作業というリスクの高い時間を短縮させることを実現し、ひいては安全性を高めることにつながる。

4.1.9　落下防止

　高所から物を落下させることがないよう注意を払うことが重要である。

　例えばシャックルピン一つでも致命傷を負わせる可能性があるので慎重に取り扱うのと同時に、作業内容によっては、自身の下方に作業者等がいないことを確認することが必要である。

　また、作業に使用する用具には細索を付け、この細索を自分の身体、**standing rigging** 又はジャッキステイ (jackstay) 等に結び付けて、落下を未然に防止することも落下防止のための必要な対策である。

「登るのは七つ道具をひもでつり」

　一方で、甲板上にいる者は誰であれ、檣上からの落下物には注意を払うべきであり、特に登檣作業中において「その直下」に入ってはならない (立ち入らない)。

　操帆作業時、暴露甲板上に出る者は保護帽を使用すること。

　帆装艤装の整備作業時には、船内に事前周知して、立入禁止区画を明示し歩行制限を設ける。

　港内停泊中は訪船者に対しても、これら注意点を周知し、注意を促すことが必要である。

　(当直) 航海士は、常に檣上作業に係る安全対策を念頭に置くべきである。

「棚からぼた餅、マストからスパイキ (spike)」

5

10

15

20

25

30

35

登檣舷 (原則) について：
マストの昇降に際しては、風上側のシュラウド使用が原則であるが、登檣訓練時や機関を使用して相対風向を制御できる操帆 (展帆・畳帆) 作業時には、安全が確保される場合において、両舷を使用して登檣する場合がある。

ダブルヤード (double yards)：
畳帆時、Topsail yard 及び Topgallants'l yard は、写真の通り並行に位置する。原則として、この状態で登檣作業は実施される。

図 4.1 ダブルヤード

ジャッキステイ (jackstay)：
yard の上部あるいは mast の後方に帆を付けるための鉄棒。

スパイキ (spike)：
綱をさばいたりロープ／ワイヤーに eye splice を入れるときに用いるテーパー状の加工工具 (鋼製又は木製＝ marlinespike)。檣上で帆装艤装に係る整備作業をする甲板部員は、腰に携行している。
落下防止に努める一方で、甲板上でも相互に注意を要することからの標語。

4.1.10　号令と復唱

　正確・明瞭な号令は、安全と作業効率を向上させる。

　マスト指揮者 (mast officer) は、明確で決然とした権威を持って令し、マスト作業員はこの号令を復唱し、確実に実行して報告し作業の安全を
5 図る。

4.1.11　シップシェイプ (ship shape)

　整理整頓は、高所作業のみならず船上の全ての作業に共通した安全対策の第一歩である。作業場所は、常に整然とシップシェイプ (ship shape) に保つよう心掛ける。
10

4.1.12　確実な艤装

　フック (hook) にはマウジング (mousing)、シャックル (shackle) にはシージング (seizing) を施すなど、高所で使用される索具類は、基本に従い確実に艤装し、定期点検を行う。
15

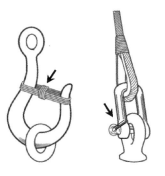

シャックルピン

20

25 図4.2 シャックル (shackle)　　図4.3 マウジング（左）とシージング（右）

4.2　安全用具

　練習帆船における高所作業時の服装や保護具等の基準を以下に示す。

(1) 服装

30 　正規の作業服を着用する。作業服の端が gear に絡んだり、風に吹かれてまくれ上がらないよう sennit 等で上衣を縛ることも良い方法である。作業中にこの sennit が役立つこともある。

　作業服の下には、身体が束縛されず安全な動作を自由に取ることが出来る範囲において、季節の気温等を考慮して下着などを調整し着用して
35 良い。

(2) 墜落制止用器具

　墜落制止用器具 (フルハーネス型安全帯、以下「フルハーネス」) を装着する。その取扱いに係る「特別教育」は登檣訓練前に実施する。

シップシェイプ (ship shape)：
船上の美観を保つことのみならず、いかなる航海の環境 (昼夜／荒天) 下でも、使用すべき用具・設備を、その性能、機能を果たすべく即応できる状態に整え、スタンバイして置くための「船員に求められる行動習慣 (資質)」。
生活の基本であるボンクメイクや船橋海図机上の整理整頓を疎かにしてはならない。

マウジング (mousing)、シージング (seizing)：
フックやシャックルは、甲板及び檣上において多数が使用されている。船体振動のみならず暴露環境下において風雨にさらされるこれら金物用具は、弛みなどの影響を受け易いため、抜け落ちたりしないようマウジング等の対策を講じる。運用面では、これらが適正に維持できているか目視による定期点検を要す。

フルハーネス型安全帯 (フルハーネス)：
安全帯は、墜落時に作業者を地面に衝突させることなく制止し、保持できる性能を有するもので、「フルハーネス型」と「胴ベルト型」がある。「フルハーネス型」はフルハーネスとランヤードで構成される。ランヤードとは、フック、ロープ又はストラップ、ショックアブソーバで構成されたものをいう。

特別教育： (労働安全衛生法)

(3) 保護帽

　高所作業時の保護帽は、墜落時保護用規格のものを着用する。

　内装サイズを頭に合わせて適切に調整した上で着用し、あご紐をかけて締める。

(4) 落下物対策

　時計、ボールペン等、落下しやすい物、壊れやすい物やその他不要な物を身につけて登檣してはならない。

　眼鏡を使用する場合は、高所、甲板上を問わず、「眼鏡バンド」を装着して落下防止に努め作業にあたる。

(5) その他の保護具

　危険を感知するには、五感によることが重要である。

　登檣に際しては靴（靴底が薄く柔らかい靴で、ステップを感受できるもの）を着用してよい。

　原則として手袋の着用は許可しない。帆装艤装に係る整備等に際して必要時はその都度許可する。

(6) 整備用具

　「4.1.9 落下防止」のとおり、登檣時に使用するスパイキ (spike)、シーナイフ (sea knife) 等の道具類には落下防止対策を講じるが、その対策に細索等を使用する時は、移動中に他の索具類に引っ掛からないよう適切な長さに調整することは安全作業に必要なことである。

4.3　登檣の一般原則

　登檣においては、適切な服装に加え、安全な姿勢など重要な基本事項があるので以下に説明する。

(1) 登檣舷

　マスト (mast) の昇降には、原則として風上側（舷）を使用する（「4.1.8 風上と風下」参照）。

　「風上、風下で地獄、極楽」

(2) 安全姿勢

　定期的な点検・整備は実施するものの、ratline が切れる可能性や誤って踏み外すことも想定し、rigging を登り降りするときは、ratline は掴まず、shroud を掴み、片手でも身体のバランスを維持しつつ体重を支えられるようにする。

　初心者は、恐怖のあまり腕に力が入り、肘が曲がり過ぎて身体が shroud に近づき、いわゆる「ワニの木登り」となることがある。この場合の前傾姿勢は昇降には不向きであり、より一層恐怖心にかられたり、身動きが取り難くなり、むしろ不安全な姿勢となるため、shroud から上半身が離れるよう保つのが良い。

図 4.4 正しい姿勢

図 4.5 ワニの木登り

　航海士は、作業者の安全姿勢について指導を要するときは、言葉遣いや発声によって、作業者を不安・動揺させたり、危険な体勢とならぬように配慮することが必要であり、一方作業者は、慌てることなく進めた手又は足を、一旦、一つ前の位置に戻して姿勢を立て直し、冷静に基本に従った手足の送りを再度イメージしてから昇降動作を再開するよう心掛ければよい。これを繰り返すことにより安全な登檣技術を習得し、次第に安定した姿勢で円滑な昇降ができるようになる。

　なお、作業を終えて甲板上に降りる際は、最後にハンドレール (Hand Rail) やピンレール (Pin Rail) 等から飛び降りてはならない。

(3) 3 点支持法

　3 点支持法は、両手両足の 4 点のうち 3 点を固定し、1 点のみを動かし移動する方法をいい、高所において安全を確保しつつ作業を行う、言わば高所における安全作業の原点である。意識においては、一動作ごとに考えなくとも実行できるよう身につけるものである。

　身体を支える安全用具を装着しているが、これを 3 点の一つにしてはならないし、3 点支持が身体の安全を保つ最高の手段であることを常に念頭に置いておくことが重要である。

(4) 安全用具の使用

　shroud 昇降時の安全を確保するため、「安全帯の関連器具」として「親綱式スライド器具 (以下、スライド器具) やリトラクタ式墜落阻止器具 (以下、安全ブロック)」が各マストに設置されている。

　これらの安全用具の習熟訓練は、登檣訓練の前に実施する。

(5) Yard の渡り方

　yard 作業では作業員全員が 1 本の foot-rope に体重を掛けているので、作業員が体重を掛ける度に foot-rope が揺れることとなる。mast 側 rigging から yard の foot-rope に足を掛ける前には「渡るぞ！」と必ず大きな声で yard 作業者に知らせ、yard 作業者はそれに応答する。Foot-rope に体重を移したなら、フルハーネスの安全フック 1 つを back rope に掛け、もう一つの安全フックを safety stay に掛ける。Foot-rope 及び flemish horse 以外の gear に足を掛けてはいけない。

　横移動する場合は、両手で確実に safety stay を握り、足を foot-rope に沿わせ、いわゆるカニ歩きで移動する。なお、横移動の際、safety stay に掛けた 1 つの安全フックは safety stay を支えるブラケット (Bracket) によって移動を阻まれることとなるが、都度身体の安全バランスを確保したうえで付け替えることととなる。

　yard 上で作業を行う場合、両足は肩幅よりもやや拡げて安定を保ち「片手は船のため、片手はおのがため」(3 点支持法) の原則に従う。しかし、畳帆の際など、片手のみでは作業の遂行が難しい場合は、両足と

甲板上への飛び降り：

たかだか 1 m 程度と無雑作に飛び降りると、高所作業により柔軟性を失っている膝やアキレス腱を傷める結果となる。また、ズボンの裾がビレイピン (belaying pin) などに引っ掛かり、頭から転落する危険や、フルハーネスやランヤードが引っ掛かり、思わぬ衝撃を受ける危険もある。

静かに甲板上に立ったならば、屈伸やストレッチをして体を労る。

「一瞬の不注意により実習継続を断念する恐れを避けるよう注意を払う。」

図 4.6 甲板上への飛び降り

腹の３点で安定な姿勢を保ち、作業に従事する。

　yard での単なる体重の片足から片足への移動を含む身体の移動の際にも、作業者への影響を考慮して、必ず声を掛ける。

(6) 登檣訓練

　登檣に慣れることは帆船実習の重要な第一歩である。身体的にも精神的にも高所作業に徐々に慣れるための反復訓練を登檣訓練という。この訓練については、作業要領書等に定める指針に従って行わなければならない。

5

10

15

20

25

30

35

5 帆の取付け及び取外し

5.1 一般的注意

5　帆の取付け (Bending sail) 及び取外し (Unbending sail) の際の一般的
注意事項は次のとおりである。

　(a) 作業内容の徹底を図る。作業員は総ての作業の実施要領を熟知し
ていることが望ましい。作業実施前に指揮者から作業員の経験練度に応
じて適切な説明が行われるので、今どのような作業がどの程度進展して
10　いるかをその都度判断し、適切な協力作業を実施しなければならない。

　(b) 高所作業員と甲板作業員とのチームワークの善し悪しが、作業の
進展と安全性を左右する。甲板作業員は作業の内容を理解しておくべき
ことはもちろんのこと、高所での作業の進捗状況を終始把握しておかな
ければならない。両者間の連絡を徹底するため、表 5.1 のとおり笛信号
15　及び手先信号を定めている。ただし、複数の mast において同時に作業
を行う場合、笛信号は紛らわしいため手先信号及び肉声で実施する。

　(c) 作業中に帆に風をはらませ、拍動させてはならない。

　(d) 高所作業員は定められた安全用具を適切に使用するとともに 3 点
支持法による安定な姿勢を保つ。

20　(e) yardarm における作業には熟練者が当たる。double yards におい
ては、下の yard の上に立って作業をしてはならない。

　(f) 作業に取り掛かる前に downhaul, sheet, lift, brace 等のたるみを十
分に取り、yard を固めておく。

　(g) 作業中、動索で身体を支えることは極力避ける。

25　(h) 甲板作業員は高所での作業終了後は、その作業のために伸ばした
gear のたるみを取り、各 gear がそれぞれ固有の belaying pin に止めら
れていることを確認する。

　(i) 甲板上は帆や gear 等のために乱雑になりやすいので、適宜、整頓
(ship shape) することを心掛ける。

30

表 5.1 笛信号と手先信号

信号の意味	笛信号	手先信号
slack away	短音 3 回	手を下に向けて、手首を上下に振る。
hold on	短音連続	拳を作る。
heave in	長音 2 回	人差し指を伸ばし、手全体で輪を描く。

5.2 用具の使用法

(1) Sail rope (Gantline 又は Girtline)

　帆を甲板上から yard に引き上げるための索を **Sail rope** という。mast
頂部に取り付けた滑車 (**Sail block**) を通して、一端は Top や backstay
35　等をかわし deck link に取り付けた snatch block を経て capstan に導き、
帆の引き上げ、降下に使用する。他端は yard の前面から fore and aft
stay の風下側に導き、帆の吊り下げに使用する (図 5.1)。

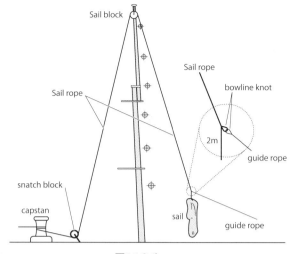

図5.1 Sail rope

　Sail block と snatch block 間の Sail rope の導き方については、snatch
block の位置から Sail block を仰ぎ見て、back stay 及び gear 等と干渉
しないように導く。Gallant-top 付近では spreader bracing の後側、又
はそれと spreader で囲まれた中を通すことになる。

　Sail block の取付けには shackle を用い pin には seizing を施す。滑車
を mast 頂部まで運ぶ際には、滑車を sennit で結んで搬送者の肩に掛け、
落下を防ぐ。

(2) Guide rope (補助索)

　帆を引き上げる・降下する途中、帆が fore and aft stay や yard に当
たり、あるいは風で吹き流されるのを防ぐため、帆を結んだ Sail rope
に guide rope を結び付ける。帆を yard 上に上げた後、再び Sail rope
を甲板上に引き降ろすためにも用いる。

　Sail rope の先端から 2m 程のところに rolling hitch で guide rope を
取り付け、Sail rope の先端部分に帆を結ぶ (図 5.1)。

(3) Marlinespike 及び Commander 等

　marlinespike や commander は head earing の取付け等の際に使用す
る。commander の柄が抜け落ちないことを確認し、それらには丈夫な
細索を付けておく。sea knife にも細索を取り付け、使用後は必ず sack
に収め、作業中に他の作業員や gear 等を傷つけないように注意しなけ
ればならない。

5.3 帆の点検

　帆の不備は帆走時の帆走効率を低下させるばかりでなく、強風時に吹
き破られる事態を招き、gear の不良とともに帆船を危険に陥れる原因

となる。

　帆を取り外し (Unbending sail)、Sail store に納める前に点検し、後日
確実に補修するとともに、帆の取付け (Bending sail) 前にも再点検し不
備が無いことを確認する。点検に際しては次の点に留意する。

5 **(1) 縫目のほころび**

　縫目のほころびや糸切れは、展帆中にその部分を中心として帆が吹き
破られる原因となるので、縫目全般にわたって点検する。特に注意すべ
き個所は次のとおりである。

- twine の wax が効いていない部分
10 - 針の刺し方が大き過ぎ、twine の出方が多い部分
- seaming の際に twine の引き方が足りない部分
- 展帆中、特に大きな張力が掛かる clew 部分
- brail や buntline 等の gear が常に帆面に当たっている部分

(2) Roband の損耗

15 　roband は jackstay や hank 等との摩擦により損耗し、雨水の浸透等
がこれを早める。数本の roband の損耗部が強風によって切断され、一
瞬のうちに総ての roband が切断することもある。したがって、損耗し
た roband は新しいものに換える必要がある。

(3) Bolt-rope 及び twine の損耗

20 　外見上の損耗が認められない rope であっても、大角度に折り曲げ
ると切断することがある。bolt rope を取り付けている roping twine は
seaming twine と同様の観点から点検する。

(4) 帆の損耗

　帆の損耗しやすい個所は次のとおりである。傷んだ個所はかがり縫い、
25 patch 当て等の補修を施す。

- buntline, brail, downhaul 等と擦れやすい部分
- 畳帆したときに絶えず外表となる head 付近
- lining, cloth 等の縫合わせの際、いせ (帆のふくらみを出す技法、
allowance of stretch) が不適当なため張力を及ぼす部分
30 - buntline lizard, cringle 等が縫い付けられている部分

5.4　帆の引き上げ及び取付け

5.4.1　横帆の引き上げ及び取付け (Course 以外)

35 　(a) 帆の裏面 (bolt rope が付いている側) を下にして、buntline hole
と buntline thimble に roband を通し、それらを外に出すように絞る。
これは yard 上で buntline を取り付けやすくするためである。

　(b) yard 上での sheet の取付けに便利なように、clew spectacle を

head earing に sennit で結ぶ。

(c) 帆をばたつかせないように、1本おきに roband で帆を大回しに縛る。

(d) 帆の中央を Sail rope で timber hitch で縛る。

(e) 帆の左舷側を折り曲げて、head earing rope を Sail rope に slippery two half hitches で結ぶ。

(f) 帆の右舷側を(e)と同様に行う。(常に(e)、(f)の順にすれば、yardarm に帆を送る際もおのずと左右が決まり、作業のミスを防ぐことができる。この要領を理解するために「右舷上」の格言がある。)

(g) Sail rope を capstan で巻き、帆を引き上げる。甲板上では帆が他の索具と接触しないよう guide rope を操作する。甲板作業員は吊り上げられた帆の下に入ってはならない。

(h) 帆の吊り上げられている部分が yard 上面に達したならば、ひとまず Sail rope を止める。

(i) 上側になっている head earing 側の帆を右舷側、下側になっている head earing 側の帆を左舷側に整え、再度 Sail rope を capstan で巻いて帆を引き上げる。垂れている帆のほぼ 2/3 が yard の位置より上になったら、再び Sail rope を止める。なお yardarm の作業には熟練者が当たる。

(j) yard での作業員は適当な間隔を置いて位置し、安定な姿勢を保ちつつ、徐々に降りて来る帆を yard 上面に沿わせて yardarm に送る。

(k) 帆全体が yard 上に降りたならば head earing を Sail rope から解き、上側になっている head earing を右舷 yardarm に、下側になっている head earing を左舷 yardarm に送り、それぞれを yardarm の eye に通してたるみを取る。その後、Sail rope を外す。甲板上では guide rope を引いて Sail rope を引き降ろし、次の帆の巻き上げに備える。

(l) 帆の head 中央を yard の中央に一致させて固縛する。

(m) 中央の位置が決まったら、yard 上の作業員は力を合わせて head を yardarm 方向に張り合わせ、yardarm では head earing rope を round turn してたるみを取って締め付ける。このとき、head earing が jackstay の高さよりも下に落ちないように注意する。下に落ちると、展帆した際に帆の形が崩れてしわが寄り、帆走能力が低下するからである。

(n) 帆の左右を張り合わせたら、1本おきに gasket を使用して帆を yard に軽く仮止め固縛し、帆の落下を防ぐ。

(o) head earing を張合わせた後、roband を jackstay に結び付ける(図5.2)。jackstay と帆の head との間に、指を差し込めるだけの余裕を残し、その間隙が均一となるよう心掛ける。

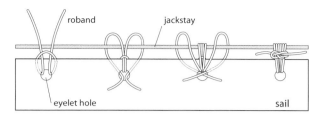

図 5.2 Roband の結び方

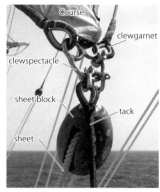

図 5.3 clewspectacle への
索具の取付け方

(p) あらかじめ safety stay まで導いておいた buntline を buntline thimble を通し、foot の buntline hole に inside clinch で止める。

(q) sheet を clew spectacle に shackle で止め、shackle pin には seizing を施す。

(r) 帆や動索のよじれや擦れ具合を点検した後、畳帆する。点検のため、展帆することもある。

5.4.2 Course の引き上げ及び取付け

Course の引き上げには Sail rope は使用しない。甲板上に置いた Course に sheet, clewgarnet, tack, buntline 及び leechline を取り付けた後、clewgarnet 及び buntline を引いて yard まで引き上げる (図 5.5)。

(a) 帆を yard のほぼ直下に左右正しく置く。

(b) 帆を固縛している roband を解き、clewspectacle に外側から clewgarnet, sheet 及び tack (**クツシタ**と覚える。) を取り付ける (図 5.3)。

(c) buntline, leechline を取り付ける。Course の場合、buntline thimble が上下に 2 個ある (図 3.3 参照)。leechline は buntline と帆表面との間に入れないように導く (図 5.4)。

(d) 帆をばたつかせないように、roband で二つおきに帆を大回しに縛る。

(e) clewgarnet, buntline, leechline を引いて、帆を吊り上げる。

(f) 帆を yard まで引き上げた後は、他の横帆と同様に取り付ける。

leechline は buntline の上を通す。

図 5.4 Leechline と Buntline

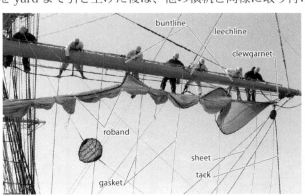

図 5.5 Course の取り付け方

5.4.3　横帆取付け時の注意事項

(1) Sail rope の結び方

　rope の bend や knot は解きやすく、外れないようにすることが原則であり、Sail rope で帆を縛る際に timber hitch を用いるのもそのためである。作業員は timber hitch の端を bight にして、解きやすいように結ぶことを心掛ける。

(2) 帆を折り曲げて head earing rope を Sail rope に結ぶ方法

　clewspectacle を sennit で head earing に結ぶ。その後、左右を折り曲げて、それぞれの head earing rope を Sail rope に結ぶ。「5.4.1 横帆の引き上げ及び取付け (Course 以外)」の(e)、(f)、(k)に注意する。作業を定型化して効率を高めると供に、作業が安全に進捗するように考慮する必要がある。

(3) 帆を yardarm へ送る方法

　yard 上の指揮者は号令と手先信号で Sail rope の slack を指示する。Sail rope を甲板上で操作する者には熟練者を当て、衝撃を与えないようにスムーズに伸ばす。

　yard 上の作業員は降りて来る帆に注意しつつ、帆を yard に乗せ力を合わせて yardarm へ送る。

　yardarm では、eye に通した head earing rope を引いて head を張り込む。帆の中央及び両 yardarm を見通し、head の bolt rope が捩れていないことを確かめる。

(4) buntline の取付け

　帆の中央及び head earing の位置が決まったら、甲板上作業員は buntline を belaying pin から解き、yard 上作業員は buntline を帆に取り付ける。次に、甲板上作業員は buntline のたるみを取り、belaying pin に係止する。

　buntline を取り付ける際に帆を大回しで固縛している roband を解くと、帆を拍動させることになるので、速やかに buntline を取り付ける。その後、roband を jackstay に結ぶ。

(5) sheet の取付け

　head earing を取り付けた後、同じ作業員が sheet も取り付ける。Upper Topgallants'l, Upper Tops'l の場合には、甲板上作業員は sheet を belaying pin から解き、yard 上作業員はそれぞれ Lower Topgallants'l 及び Lower Tops'l の yardarm において sheet chain を引き上げ、十分弛んだ状態となるよう sennit 等で止めておく。

　Lower Topgallants'l, Lower Tops'l の場合には、yardarm の gasket 等を利用して、身体を支えながら取り付ける。いずれの場合も最低 2 人の作業員が協力して作業を進める。1 人は leech に捩れがないことを確

かめて clewspectacle を他の作業員に送り、sheet 取付け作業終了まで
それを保持する。

(6) Sail rope の結びを解くとき

帆の中央が yard に降りてきて帆を両舷に張り合わせるときには、Sail
rope は無用となるので帆を結んでいる箇所を解く。この際、guide rope
の結びが完全であることを確かめ、甲板上で索の他端を保持している者
に知らせる。

(7) double yards の帆の取付けは下のものから先に

tops'l yards や topgallants'l yards などの double yards では、下のも
のから先に取り付ける。そのため、上の帆を引き上げるときは、既に取
り付けられている下の帆を Sail rope で擦らないよう注意する。

5.4.4　縦帆の引き上げ及び取付け

(a) あらかじめ、halyard, downhaul, tack 及び sheet を用意しておく。

(b) 帆を甲板上に広げ、点検及び手直しをする。

(c) bolt rope が取り付けられている側を左舷とする。gear を取り付け
やすいように、head, tack 及び clew の各 ring を外側に出して帆を再び
畳む。

(d) 帆を取り付ける stay の下に運び、downhaul を結んで、これを
Sail rope とする。downhaul は帆の luff 付近で全体を大回しに結ぶ。

(e) head ring に halyard を結ぶ。

(f) sheet を clew ring に取り付ける。

(g) luff 上方の roband から hank に結び、halyard を少しずつ引き帆を
上げながら、順次 roband を hank に結んでいく。

(h) tack を取り付ける。

(i) downhaul を head ring に取り付ける。ただし、高所に取り付ける
stays'l の downhaul は head に取り付けてある fairlead を介して clew
ring に結ぶ。

(j) 展帆し、帆や gear の捻れや擦れを点検し、不具合個所を手直しす
る。

(k) 強風時は帆が風にあおられないように、gasket で帆を押さえなが
ら hank を付けていく。

(l) Spanker や Gaff Tops'l も以上の手続きに準じて取り付けるが、
brail や tripping line の通し方に注意しなければならない (5.5.2 節参照)。

5.4.5　縦帆取付け時の注意事項

(1) Foot rope で身体を支える時の注意

縦帆を取り扱う場合は、両舷の shroud の間に設けられた horse を利

用する。低い位置にある horse の場合、その安心感から高所作業上の注意事項の確認を怠りやすい。安全に作業するには、1 本の horse を両股に挟み、足は一つ下の horse に置いて、この両方でバランスを取った方が良い。作業の性質上、帆を挟んで両舷の horse に作業員が乗って作業をすることが多いから、身体を動かすときは、互いに連絡を取り合って注意を払う必要がある。

(2) 帆の引き上げ

Sail rope (stays'l は downhaul を、Spanker は head inhaul を、Gaff Tops'l は tripping line を利用する場合が多い。) は roband を hank に結びやすいように luff (Spanker のときは head) の bolt rope に近づけ過ぎないように取り付ける。また、Sail rope として downhaul 等を利用する際は、その導滑車の取付け及び gear の安全性を確認する。

(3) 帆の拍動を完全に防ぐこと

作業の性質上、帆の風下側に身体を置く必要もあるので、gasket 等によって風による帆の拍動をできる限り防ぐようにする。

(4) hank に roband を結ぶときの注意

halyard を head ring に取り付けて、帆の上端から roband を hank に結ぶ。halyard を適宜引きながら順次同じ作業を繰り返し、最後に tack ring と strop を結ぶ。halyard を引く際、高所作業員を負傷させないよう、甲板上作業員及び高所作業員の連絡を良くする。帆の拍動防止のための gasket は少し余裕を持たせて結ぶ。

roband を結びやすくするために既に roband を結んだ hank を sennit で上方に引き上げることも、また帆の拍動を防ぐために sennit で帆を仮止めすることも有効である。

帆に平均した張力が掛かるように、roband を hank に結ぶ長さを均一にしなければならない。

5.4.6　擦れ止めの取付け

bending 終了後、帆や索具が horse, shroud, fore and aft stay, back stay、手摺り等と擦れ合う部分に chafing gears (baggy wrinkle, chafing mat など) を取り付ける (図 5.6)。

図 5.6 擦れ止めの取付け

5.5　帆の取外し及び降下

帆の取外し及び降下は吊上げ及び取付けの順序の逆になる。

5.5.1　横帆の取外し及び降下

(1) 横帆 (Course 以外)

　(a) 絞帆後、1 本おきに gasket を使用して帆を yard に軽く仮止め固縛し、帆がばたつかないようにする。

　(b) buntline を少し伸ばし roband を解きやすくする。roband を jackstay から解き 1 本おきの roband を用いて帆を大回しに縛る。

　(c) clewline, sheet を帆から外し、各端を互いに繋ぐ。buntline を外し、その端には eight-knot を入れて mast 付 buntline block まで上げる。

　(d) 帆の中央を Sail rope で縛る。head earing rope を解き、帆の両端を yard 上に沿わせながら中央に送り、Sail rope に結ぶ。

　(e) gasket, bunt becket を外し、それらを中央に送って Sail rope に結ぶ。

　(f) Sail rope を伸ばし guide rope で調整しながら降ろす。

　(g) Top 及び Gallant-top 上に人を配し、帆が yard 等に引っ掛らないようにする。

(2) Course

　(a) haul up した後、gasket を 1 本おきに仮止めする。

　(b) buntline を少し伸ばして roband を解く。解いた 2 本おきの roband を用いて帆を大回しに固縛する。

　(c) head earing rope を解き、この rope で clew-spectacle を結ぶ。

　(d) gasket 及び bunt becket を外し、中央に送って降ろす。

　(e) clewgarnet, leechline 及び buntline を徐々に伸ばして帆を降ろす。甲板上の作業員は両舷の tack を引いて、帆を舷外から甲板上に引き込む。

　(f) 甲板上で上記 gear 及び sheet, tack を外す。

　(g) 外した buntline及び leechlineの端には eight-knotを入れ、yard上の作業員に声を掛けてから離す。

　(h) yard上の作業員は fairlead又は buntline blockで止まった buntline 等の eight-knot をいったん解いてそれらから抜き、再び eight-knot を入れた後、甲板上の作業員に声を掛けてから離す。離された buntline 等は top 付きの buntline block で止まる。

5.5.2　縦帆の取外し及び降下

(1) Stays'l

　(a) gasket で帆中央下部を大回しに縛る。

　(b) head ring から halyard (block 付) を外し、それを sennit でしっか

り stay に止める。

(c) head ring 又は clew ring から downhaul を外す。帆に付いている fairlead から downhaul を抜く。

(d) 引き抜いた downhaul で、帆の中央上部を大回しにして timber hitch で縛る。

(e) 適宜 downhaul を引いて帆を引き上げ、roband を hank から外しやすいようにする。

(f) hank から roband を解く。hank は stay から落ちないように別途用意した sennit を通して結ぶ。

(g) halyard を tack の strop に結ぶ。

(h) downhaul を伸ばしながら、sheet pendant を引いて帆を甲板上に降ろす。

(2) Spanker

(a) gasket を jackstay から外し、帆を大回しに縛る。

(b) head outhaul を外し、gaff boom の jackstay に止める。

(c) head inhaul を外して head のやや下部付近を大回しに縛る。head inhaul を少し引いて帆を引き上げ、lanyard を解きやすいようにする。

(d) head の lanyard 及び fore leech の roband を解く。fore leech の roband は 2 本おきに帆を大回しに縛る。

(e) throat ring 及び tack ring の固縛を解き、foot outhaul, foot inhaul 及び tripping line を外す。

(f) head inhaul と brail を伸ばし帆を甲板上に降ろす。

(3) Gaff Tops'l

(a) gasket で大回しに縛る。

(b) halyard, sheet を外す。

(c) hank から roband を解く。tripping line を伸ばし、tack で調整しつつ甲板上に帆を降ろす。

5.5.3　帆の取外し及び降下時の注意事項

(1) 帆の損耗

帆は長く使用すると様々な部分が損耗する。十分強度はあろうと過信すると案外もろく破断することがある。特に roband や横帆の head earing rope の損耗には注意を要する。

(2) 帆の拍動防止

帆の取外しや降下の際、風に煽られ帆をバタつかせることは危険である。roband を解く前に、適当な間隔をおいて gasket で帆を大回しに縛っておく。

(3) buntline を外すときの注意

　　buntline をそのまま解き放つと、その自重で落下し危険である。これ
を解く際には、必ず端に eight-knot を入れ、周囲に声を掛けた上で離し、
buntline block で止める。ただし、Course の場合、buntline の端に
eight-knot を入れた場合、mast 沿いにある滑車が甲板近くまで落下し
危険なため端から約 2m 程のところに eight-knot を入れる必要がある。

(4) head earing を Sail rope に送る時の注意

　　head earing を yard に沿って中央に送り Sail rope に結ぶ際は、送る
につれて逐次 yardarm 側から gasket を解くようにし、全ての gasket
を急に放ってはならない。

(5) 帆の降下

　　Top や Gallant-top に配置された作業員は身体のバランスを確保し、
決して帆の直下に身体を置くことのないよう注意する。また、Sail rope
を伸ばす者は細心の注意を払い、指揮者の令に従ってスムーズに伸ばす。

(6) 帆の点検

　　甲板上に降下した帆を畳む前に点検し、不良個所を記録し、後日の修
理に供する。

(7) 帆取外し後の gear の注意

　　例えば、Upper Topgallants'l や Upper Tops'l の sheet chain を jack-
stay 等適当な所に止めておくことや、stay から外れて落下する可能性
のある hank を sennit で止めておく等、帆を取り外した後の gear 等の
処理に十分注意する。

5.6　Bending 及び Unbending sail 実施方案

5.6.1　Bending sail 実施方案例

(1) 使用する帆

　　D 帆

(2) 人員配置

航海士	実習生	甲板部
F: C/O, 3/O	S1(29 名)	マスト配置
M: B2/O	S2(26 名)	マスト配置
Z: 2/O, B3/O	S3(29 名)	マスト配置

(3) 要領

　(a) 10 月 7 日 (金) までに実施する作業
甲板部作業として以下を実施

- 縦帆ベンディング : 18 枚 (10 月 4 日終了)
- ガスケット、フェアリーダ取付け

帆には作製順にアルファベットの名称を付
ける。D 帆とは就航後 4 番目に作製した総
帆セットであることを表わす。

- セイルロープ、ガイドロープ取付け
- バントライン通し（10月7日分団実習終了後）

(b) 10月8日(土)に実施する作業

《朝別科》

- Starboard tack 2pts yards
- 横帆搬出：F, Z: 左舷側に搬出、M: 右舷側に搬出
- 色分け：F: 白、M: 赤、Z: 緑

《午前、午後》

- ベンディング・セイル (UTs'l → LTs'l → UTGs'l → LTGs'l → Royal → Course)

(c) 10月9日(日)に実施する作業

《朝別科》

- バギーリンクル、チェフィングマット搬出

《午前》

- ベンディング・セイル継続
- バギーリンクル、チェフィングマット取付け

《午後》

- セイル点検及び手直し

(4) 注意事項

- 作業指揮は mast officer が行う。
- 合図は肉声と手先信号で行い、笛は使用しない。
- ヤードマンとデッキマンの連絡を良く保つ。
- 体調を十分に整えておくこと。
- 高所作業における基本事項を忠実に守り、安全第一で作業を実施する。『片手は船のため、片手はおのがため』。
- 天候、その他の都合により変更することがある。

5.6.2　Unbending sail 実施方案例

(1) 次回使用する帆

E 帆

(2) 人員配置

航海士	実習生	甲板部
F: C/O, 3/O	S1(29 名)	マスト配置
M: B2/O	S2(26 名)	マスト配置
Z: 2/O, B3/O	S3(29 名)	マスト配置

(3) 要領

(a) 事前準備

大阪セイルドリル終了後から縦帆を適宜取り外す (ヘッドスル、ジ

ガーステイスル、両スパンカーを除く)。

　(b) 8 月 19 日 (木)

《午前》

- アンベンディング・セイル説明 (2/O)

《午後》

- アンベンディング・セイル準備
- セイルストア整理 (次回使用帆の搬出等)
- ギア名札取付け
- セイルロープ、ガイドロープ、スナッチブロック取付け (甲板部)

　(c) 8 月 20 日 (金)

《朝別科》

- Starboard tack 2pts yards
- 必要があれば解帆作業 (ドライングセイル)

《午前、午後》

- アンベンディング・セイル (Royal → UGs'l → LGs'l → UTs'l → LTs'l → Course)
  - セイル点検 (記録) 及び収納
  - セイルロープ等取外し、本コイル、収納
  - マット類取外し、収納

(4) 注意事項

(注意事項は Bending sail に準ずる。)

6 操帆作業

6.1 基本動作

操帆に際しては、指揮者から一時に数多くの号令が発せられるが、作業員はその号令を一つ一つ復唱して、安全、確実かつ迅速に行動し、操帆実施後は速やかに報告しなければならない。号令の要求する目的を良く理解していなければ、安全、確実かつ迅速な行動ができないから、号令に使われる用語とその意味を理解することが操帆作業の第一歩である。

号令により操作する**索具 (Gear)** には、伸ばすもの、引くもの、大きな荷重の掛かっているもの、余り荷重の掛かっていないもの等様々である。したがって、gear の名称と役割を良く理解し、その時々によって gear がどのような状態であるのかを把握することは極めて重要なことである。事故を防ぐためにも、gear の基本操作を身に付ける必要がある。

6.1.1 号令及び用語

操帆に伴う号令に使用する用語とその意味は次のとおりである。

Stand by,「用意、スタンバイ」：ある作業に対して、用意を命じる場合に使用する。乗組員が操作に慣れている場合には、後述する Man と Attend を区別せずに、Stand by で間に合わせる慣行がある。

Man,「引き方、又は伸ばし方につけ」：必要な場所に人手を配置する場合に使用する。最近では人手を多く配置する必要がある場合に使用する慣行になりつつある。

Attend,「状況に応じた対応のため配置につけ」：伸ばす必要のある場所に人手を配置する場合に使用する。たるみをとったり、適切に調節したりする場合にも使用する。危険な作業であることが多く、多くの人手はいらないが熟練と注意を要する。

Haul tight,「引け」：動索を人力だけで引く場合に使用する。

Haul home,「一杯まで引け」：動索を引けるところまで引き入れる場合に使用する。

Heave in,「引け」：capstan 等の機械装置を利用して動索を張り込む場合に使用する。

Slack away,「伸ばせ」：張力が掛かっている動索を徐々に伸ばす場合に使用する。Ease away が使用されることもある。

Let go,「放せ」：動索を一気にやり放す場合に使用する。

Take in slack,「たるみをとれ」：gear が弛んだ状態において、そのたるみを取る場合に使用する。

Belay,「ビレイ」：動索の一端を belaying pin に止める場合に使用する。

6.1.2　Gear 取扱いの基本動作

(1) Coil down

直ぐに gear を操作できるよう、belaying pin に整然と coil された gear を甲板上に降ろすことを coil down という。操作の準備であるから、gear の端を下にし、伸びてゆく方が順次上に整然と重ねられている状態にしなければならない。無造作に coil down すると、せっかく belaying pin に整然と coil されていたにもかかわらず、伸ばす際に rope が絡み合ってしまうこととなる。また、coil down の際、belaying pin に 8 の字に掛けられた部分を外すことのないよう注意する (図 6.1)。

(2) Coil up

操作を終えた後に、甲板上に置かれたままになっている gear を belaying pin に整然と coil することを coil up という。整然と coil するとは、belay された rope の垂れている輪の大きさを揃え、belaying pin に右巻に輪を作ることである。coil down して、伸ばす際に rope が絡み合わないことが必要なので、belaying pin に近い方から順次重ねていく。

また、fife rail や pin rail では、導滑車を取り付けるためのバンドの上面に coil の下端を合わせて輪の大きさを統一し、美観を保つ。

図 6.1 Coil down, Coil up

(3) Belay

belay とは gear を belaying pin に 8 の字を描くように (3 回以上、gear に掛かる荷重によって増やす) 巻いて止めることである。この際も rope の撚りの関係で右巻きにすることを忘れてはならない (図 6.2)。

belay の号令が発せられたからといって、不用意に belay しようとすると、gear によっては大きな荷重が掛かっているものがあるから、作業員の手が引き込まれ、rope と belaying pin の間に挟まれて大怪我をすることがある。大きな荷重の掛かっている brace, halyard, sheet 等の gear については、stopper を取ってから belay しなければならない。

図 6.2 Belay と Stopper

(4) Stand by 又は Attend (Man)

stand by, attend はそれぞれ引く準備、伸ばす準備を意味する。いずれの場合も大きな荷重が掛かっている gear では次の点に注意する必要がある。

stand by の場合、あらかじめ stopper を取った上で belay された gear を belaying pin から外し、作業員が rope につく。作業員が rope を張り合わせたところで stopper を外し、Stand by とする。

attend の場合、図 6.3 に示すように belaying pin に belay された gear を片方の手で押さえながら、もう一方の手で慎重に一巻ずつ外し、gear が belaying pin に一巻だけ掛かっている状態とする。

図 6.3 Attend の姿勢

(5) Haul tight, Haul home

　Haul tight, Haul home はそれぞれ「引け」、「一杯まで引け」を意味する。人手と力を要する作業であるから、作業員一人一人が呼吸を合わせて気合いを入れ、腰を低く落とし確実な姿勢で引かなければならない。

5　図 6.4 に brace をその場で引く引き方と、yard を上げるため halyard を歩いて引く引き方を示した。

　引く方向に注意しなければならない場合がある。例えば、stays'l downhaul を引く場合は、風下側にある sheet block との衝突を避けるため、風上側に引かなければならない。

10 (6) Slack away

　Slack away とは gear が belaying pin に一巻だけ掛かっている状態で gear を繰り出す意味である。大きな荷重が掛かっている gear を不用意に繰り出すと、勢いよく伸び出し手の施しようがなくなるので、慎重に行わなければならない。指揮者から Hold on 又は Belay の号令が発せられた場合、直ぐに止められるような心構えで作業に当たる必要がある。

図 6.4 ロープの引き方（brace, halyard）

6.2　解帆・展帆・絞帆・畳帆

　固縛している帆を解き、解いた帆を広げ、広げた帆を絞り、絞った帆を畳んで固縛することを、それぞれ解帆、展帆、絞帆、畳帆といい、特に展帆と絞帆の作業を合わせて**操帆**という。帆船にとって操帆が手早くできることは、汽船にとって主機関の発停が迅速に行われるのと同様に、操船上最も重要な条件である。

　風力が増大して船が危険な状態になったとき、乗組員の練度が高く何時でも絞帆する自信があれば、船はその復原力と強度の許す限界まで帆を広げて快走を続けることが可能である。これに対し、乗組員の練度が低くまた気力に乏しい場合は、風力が増大するかなり前に帆を畳んで安全を図らなければならない。これによって航海の成果は著しく異なってくる。

　風が弱いときには、どんな手順で帆を扱っても大きな支障はないが、強風下の操帆では事態は一変し、間違った手順を取ると、帆を破ったり人に怪我を負わせるなど事故を引き起こす。特に、雨天の暗夜、波に洗われる甲板上で gear を操って帆を畳むときなどは、手順どおりに作業を行わないと事故を起こす可能性は高くなる。帆船が無難に帆を広げていることのできる限界を意味する**展帆能力 (Sail carrying capacity)** という言葉がある。

　船長は操帆に当たり、その作業が当直航海士の指揮により当直員だけで行うことができるかどうかを判断して、操帆の命令を与える。例えば、総帆を展ずるとき、あるいは同時に総帆を畳むときは、総員の手を要す

るから「総員上へ、総帆かけ方!」、あるいは「総員上へ、総帆畳み方!」を命令する。しかし、朝夕の Royal の展帆・畳帆は当直員だけで十分であるから、当直航海士に "Set Royals!" 又は "Down Royals!" のみを命じる。

　船長の命令は当直員あるいは必要に応じて総員に令達される。当直航海士あるいは mast 担当の航海士は、船長の命令による操帆を実施するために、現場で作業の号令を掛ける。この号令は作業の安全と能率を左右するものであるから、明確で決然とした権威を持っていなければならない。

　作業員は指揮者の号令に対し、必ず一つ一つ復唱するとともに、確実に誤りなく実行し、直ちにその結果を報告する。これらは作業の安全を確保する上から身に付けなければならない習慣である。

6.2.1　**Coil down 及び Coil Up**

　解帆、展帆等の作業を行う場合は、それに先立って各種の gear を coil down し、gear の操作をいつでも行えるよう準備する。

　一般的な coil down については 6.1 基本動作で述べたので、ここでは他の rope に比べて長い brace, halyard 及び縦帆の downhaul の coil down について説明する。作業員がこれらの rope の作業を確実に行えるよう、belaying pin と甲板上に降ろした rope との間に belay 又は hold on 等の作業に十分な余地を残す必要がある。特に brace の場合、隣り合う他の brace を暗夜においても見分けることができ、かつ確実に作業が行えるように brace の間隔は belaying pin の長さ程度とし、pin rail からの距離は coil の大きさ程度とすることを目安に coil down する。

　操帆作業が終了した時点では、各種 gear は互いに交錯し合った状態になっている。これを整理し次の作業に備えるため、指揮者から "Coil up gears!" の号令が発せられる。coil up も 6.1 節基本動作で述べた要領で行う。粗雑な coil up は rope が絡み合う結果となり、作業に支障を来すことが多々ある。常に ship shape に心掛けなければならない。

6.2.2　**横帆の作業**

6.2.2.1　**解帆**

　解帆や畳帆中に、強風にあおられると帆が損傷を受けたり、作業員に危険を及ぼすなど事故の原因になる。したがって、解帆と畳帆の際には帆の拍動を防ぐ手順として、次の基本を忘れてはならない。

　解くときは下の帆から、畳むときは上の帆から着手する。特に、Upper Tops'l と Upper Topgallants'l はこの順序を違えると、Lower Tops'l と Lower Topgallants'l の作業に不便と危険を及ぼす。

　解くときは風下から、畳むときは風上から着手し、それぞれ yardarm から作業に取り掛かる。帆の拍動を少なくし、作業を容易にするためである。

　解帆は作業の基本に従って、下の yard の風下側から順次 gasket を解いて行き、帆の中央部を固縛している bunt becket を最後に解く。

　作業者に危険を及ぼさないために、解帆に先立って brace, lift, downhaul のたるみを取り、**ヤード固め**をする。

(1) Gasket の処理

　解いた gasket は yard の前面と帆との間に垂れ、そのまま放置しておくと動索等に絡む恐れがあるから、yard の下方を回して後面から引き上げる。この際、yard 下面に沿って導かれている sheet 等を一緒に巻き込まないよう注意しなければならない (図 6.5)。

　引き上げながら、yard の上面において gasket の standing part (jackstay に係止してある部分) に近い方から順次 30~40cm 程度の大きさに coil し、half hitch を掛けて全体を jackstay の間に押し込む。(図 6.6)。

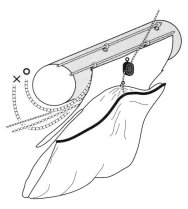

図 6.5 Gasket の解き方

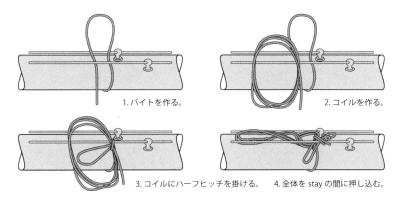

1. バイトを作る。　　　　　　　　　　2. コイルを作る。

3. コイルにハーフヒッチを掛ける。　　4. 全体を stay の間に押し込む。

図 6.6 Gasket の処理

(2) bunt becket の処理

　解いた bunt becket は逆三角形となって yard 前面と帆との間に垂れている。その先端には lanyard が取り付けられているので、これを yard の下を回し yard 後面から引き上げて sling chain 又は crane に結ぶ。

　強風下においては、clewline, buntline, leechline にたるみがあると gasket を解かれた帆が風でばたつき破損する恐れがあるため、これらのたるみを十分に取る必要がある。

6.2.2.2　畳帆

(1) 帆の畳み方

　畳帆は作業の基本に従って、上の yard の風上側 yardarm から風下側に向かって順次 gasket を掛けていく。畳む手順は次のとおりである。

(a) 熟練者が yardarm に位置を占める。

(b) yard に渡った作業員は jackstay に押し込んである gasket を解きながら横移動し、作業位置に着く。

(c) leech の上半分を引き上げ、yard に沿わせて mast 側に送り、更に leech の下半分を引き上げる。これによって leech は yard 沿いに二つ折りの状態となる。

(d) この時点で、foot 及び leech は jackstay に取り付けられた head 付近に引き上げられているが、他の部分は垂れ下がっているので、これをたくし上げる。たくし上げられた部分を帆自身の中に押し込み、更に垂れている部分をたくし上げ、帆自身の中へ押し込むことを繰り返す（図 6.7）。

(e) その際、clew 部分を捻り風が入り込まないようにすること、畳まれた帆の太さが均一になるように加減することが必要である（図 6.8）。

図 6.7 横帆の畳み方

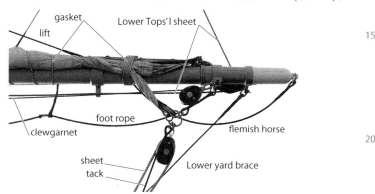

図 6.8 Yardarm 付近の詳細 (Course)

(f) このように yard 沿いに丸められた帆は jackstay の上まで引き上げて head を包み、雨が帆の内部に入りにくくする。帆の表面にしわが寄らないように注意しながら順次 gasket を掛ける。表面にしわが入った状態の帆は強風に吹かれると、その部分で拍動し破損することになる上、雨がその部分に溜まりやすい。

強風下での畳帆の場合、上記手順に従うことに変わりはないが、帆の拍動をできるだけ早く押さえ作業を進めやすくするために、2 人以上が 1 組になって帆をたくし上げ、すべての gasket を 1, 2 回大回しにして仮止めし、bunt becket で帆の中央部を速やかに縛る。clew 部はひねりが不十分な状態で強風に吹かれると破損しやすいので、相当な強風が予想される場合には sennit を巻いて補うことがある。

(2) Gasket の掛け方

gasket を掛ける際、次の点に注意する。

• gasket を巻いて帆を固縛していく方向は yardarm から中央へ向かう。

・ yard 下面には sheet 等の動索が導かれているので、gasket を巻く際、それら動索を一緒に巻き込まない。

・ harbor gasket の場合、幾重にも巻いた rope と rope の間にすき間がないようにする。これは作業員自らが確認するべきことはもちろんだが、下の yard にいる作業員が上方の yard 下面の gasket の状態を再確認することも大切である。

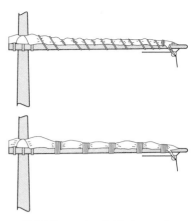

図 6.9 Sea gasket と Harbor gasket

(3) Sea gasket と Harbor gasket

gasket で横帆を固縛する方法には、Sea gasket 及び Harbor gasket の 2 様式がある (図 6.9)。

前者は洋上で荒天に遭遇しても、yard に沿って畳まれた帆がばたつかないように平均にら旋状に縛り付ける場合に使用される。後者は港内停泊中など体裁に重点を置く場合に使用されるもので、gasket を yard に対して直角に数回巻いて帆を固縛する。その際、数回巻いた gasket 間にすき間ができないようきちんとそろえて外観を整えることが重要である。

ただし、Royal には Sea gasket 及び Harbor gasket の区別はない。

全体を stay の間に押し込む。

図 6.10 縦帆の gasket 処理

6.2.3　縦帆の作業

縦帆の解帆、畳帆についての基本は横帆と同様である。安全上、縦帆の解帆、畳帆作業中は、できる限り自分の体を風上側に置くことが望ましい。

解帆後の gasket の処理について横帆と異なる点は、jackstay が横帆の場合は水平方向に設けられているのに対し、縦帆では垂直方向に設けられていることである (図 6.10)。

畳帆時の注意事項は横帆同様に、できるだけ早く風を抜いて帆のばたつきを抑えること、及び畳んだ帆の表面にしわが寄らないようにすることである。

縦帆は主マストに沿わせて畳み、一部の縦帆については stay 等に載せたり、stay を巻き込むように畳む。Jigger stays'l 等は stay の上に畳んで固縛する (図 6.11)。gasket の掛け方は帆の畳み方よって異なる。

縦帆の場合、横帆のように Harbor gasket と Sea gasket の区別はない。

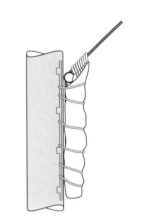

(1) jib 及び stays'l の作業

jib 及び stays'l を展帆するには sheet を風下側に取り、downhaul を伸ばして halyard を最初に張り、次に sheet を引き込む。絞帆するには、halyard を伸ばして downhaul を引き、sheet を伸ばす。

操作は簡単であるが、強風下では最も損傷しやすい帆なので、次の事項に注意する。

帆の拍動を防ぐため、展帆時・絞帆時共に十分に sheet のたるみを

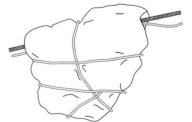

図6.11 縦帆の畳み方

取りながら作業を行う。即ち、展帆時はあらかじめ sheet を張っておき、halyard を引いて帆が広がるにつれて、更に sheet を張る。絞帆時は、まず halyard を伸ばして downhaul を引き、帆の girth band が sheet に引っ張られて帆が下がってこなくなった時点で徐々に sheet を伸ばす。sheet にたるみがあると、帆は激しく拍動し、更に滑車の付いた sheet pendant が暴れまわり非常に危険な状態となりやすい。ただし、先に sheet を強く張り過ぎると、jib stay や fore and aft stay を痛めることになる。

　高所に取り付けてある stays'l の展帆に際して sheet のたるみを取るとき、downhaul は徐々に伸ばし、決して離してはならない。sheet pendant block が落下し、極めて危険である。

　低所に取り付けてある stays'l は船体構造物に、高所のものは Gallant-top 付近の空中線類に引っ掛かりやすく損傷しやすい。

　絞帆時、帆や sheet は風下側に降りて来るので、downhaul は必ず風上側に引かなければならない。

(2) Spanker の作業

　Spanker は最後尾にあって舵としての役目も果すことから、操船上他の縦帆に比べて展帆、絞帆する機会が多い。

　展帆、絞帆時には次の点に注意する。

・展帆する際、foot を head よりも早めに引き、絞帆するときは、head を foot よりも早めに引く。

・絞帆する際、できるだけ風を抜くため、brail は常に風下側を先に引く。風上側を先に引くと、Spanker は大きな風袋となり扱いに苦労する。

・tripping line は brail に遅れないように引く。遅れると引き込まれてきた foot が垂れ下り、それを引き上げるために tripping line を引いても、既に brail で絞られているので難しい。Lower Spanker の場合、foot の垂れ下りは甲板上の作業員にとって危険である。

・Lower Spanker を展帆、絞帆する場合、foot outhaul 又は foot inhaul は風上側に引く。tripping line の操作を間違えて foot が垂れ下がっても怪我をしないためである。

　通常、Spanker の展帆、絞帆は Spanker boom, Lower Gaff, Upper Gaff が風下側に張り出された状態で行われる。boom 及び gaff をただ漠然と張り出した場合、波浪の大きな洋上では、それらが暴れ出して手の施しようがなく、ついには事故に至ることになるから原則として次の手順をとる。

　(a) boom 中央から張り出す場合

　boom sheet を緊張した状態で lee guy を Mizzen brace の bumpkin に取り付けられている pendant にとった後、boom sheet を伸ばしつつ

guy を引く。風上側の guy はたるみ気味に伸ばし、所定の位置に boom を係止した後、たるみを取る。

　boom の張出しと併行して、vang により gaff を張り出す。風下側 vang を Lower shroud の根元、最前部付近に取り付けられている pendant に取る (Jigger mast の backstay 及び shroud の外側をかわす)。その後、風上側 vang を伸ばしつつ、風下側 vang を引く。vang には Upper vang と Lower vang とがあり、pendant もそれに対応し 2 本ずつある。Upper vang 用 pendant は船首側の長いものを使用する。vang を backstay や shroud の外側をかわす舷外作業には熟練者が当たるべきであり、体は常に vang よりも shroud 側 (内側) に置くようにしなければならない。風下側 vang を一杯に張り込んで、boom の張出し状態に合わせた後、風上側 vang のたるみを取る。

　(b) boom を風下舷から風上舷に変える場合

　風下側 guy を伸ばしつつ、風上側 guy のたるみを取り、かつ Boom sheet を引いて、boom を中央の位置まで引き入れ、sheet を緊張した状態で cleat に止め、boom を固定する。風下側 guy を pendant から外し、cleat のやや外側にある eye に取り替える。

　これと併行して、風下側 vang を伸ばしつつ、風上側 vang を引いて、Upper gaff 及び Lower gaff を共に中央まで引き入れる。風上側 vang のたるみを取って belay した後、風下側 vang を pendant から外し、cleat のやや前方外側の water way の eye に取り替える。この作業を行う場合の注意は上記(a)と同様である。以後は(a)の手続きと同じである。

　上記(a)、(b)のいずれの場合も hood 後方での作業が主体となり、指揮者からは見えにくく、かつ場所も狭いので、gear をしっかり整頓した後に作業にかからないと思わぬ事故が生じる。

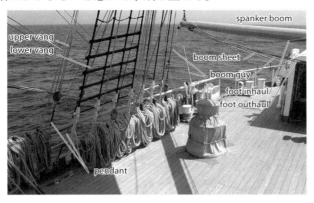

図 6.12 Spanker boom と索具

(3) Gaff Tops'l の作業

　Gaff Tops'l の展帆は downhaul を伸ばしつつ sheet を先に張り一旦

belay し、halyard を引いて head を上げる。その後、再度 sheet を調整する。帆の tack 部は tripping line で peak halyard をかわし、風上側 tack で張る。

　絞帆時は、halyard を伸ばしつつ downhaul を引き、head が降りてから sheet を伸ばし、更に downhaul を引く。最後に tack を放ち、tripping line を一杯張り込むことにより、所定の位置まで引き上げる。

6.2.4　解帆及び畳帆の号令・操作

6.2.4.1　展帆と絞帆

　帆の増減は船速と当て舵など操船との関係や、傾斜や動揺など安全運航との関係にも配慮して実施されなければならない。原則として次の手順で行われる。

(1) 展帆と絞帆の順序

　展帆する場合、船首側のものから、同一 mast については下方のものから先に着手する。ただし、前方の見通しを最後まで確保するため、あるいは yard を旋回するのに不都合であるから、Course は最後に展帆するのが一般的である。展帆順序の一例を図 6.13 に示す。

　絞帆する場合、船尾側のものから、同一 mast については上方のものから先に着手する。ただし、Course については展帆時と同じ理由から最初に絞帆する。

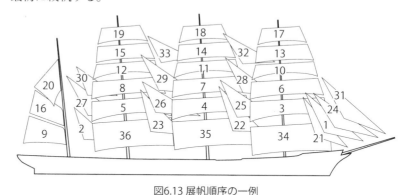

図6.13 展帆順序の一例

(2) 展帆時の注意事項

展帆時には次の点に注意する。

・yard を上げて展帆する帆の場合、yard 引上げに伴って brace, downhaul (Royal を除く) 及び直上の帆の sheet (Royal 展帆を除く) にはそれぞれ伸びようとする力が働くので、これらの動索を伸ばさなくてはならない。

・yard を上げる際、halyard が異常に重い場合には無理をせず、一

旦 halyard を belay して原因を調べる。

・ 展帆時 brace を伸ばす場合、風下側を十分に伸ばし、風上側は yard が上がるにつれて徐々に伸ばして trim を保つ。風上側を伸ばし過ぎると、trim を保つために weather brace を引き込むのに余分な労力を必要とする。

・ yard を上げて展帆する帆は halyard を引く前に sheet を十分に引き込んでおく。特に Fore Upper Tops'l については、yard の旋回限度に関係するので注意を要する。

・ Lower Tops'l 以上の展帆は sheet を左右均等に張り合わせる。

・ Course の展帆では、yard の開き具合によって sheet を張るか tack を張るかが決まる。どちらの場合にあっても、帆が風を良くはらんだ状態に調整する。

・ 強風下では事前によく手順を考え、十分な人手を配して一気に展帆する。

(3) 絞帆時の注意事項

絞帆時には次の点に注意する。

・ 絞帆に先立ち buntline stopper を切っておく。

・ buntline thimble に buntline と帆の一部が入り込んで、buntline をそれ以上引けなくなる場合がある。このような場合、buntline を無理して引くと帆を破損することがある。

・ yard を降ろす際、yard 降下に伴って downhaul, brace が緩んでくるので、逐次たるみを取る。brace は trim に注意して、たるみを取る。yard が完全に降下したかどうかは、lift の張り具合を見て確認する。

・ 強風下で絞帆する場合、sheet を離さず徐々に伸ばして、帆のバタつきを防ぐ。

・ 強風下では、事前によく手順を考え、十分な人手を配して一気に絞帆する。

(4) 重量の掛かる gear を伸ばす操作

Royal, Upper Topgallants'l, Upper Tops'l を展帆する場合、あるいは強風下で yard を旋回する場合等、風上側 brace に大きな荷重が掛かっているときは、これら動索を伸ばす作業には熟練した者が当たるべきである。coil down した gear の中に足を入れないように注意するのはもちろんのこと、belay してある rope を確実に一つずつ外して最後に一巻にし、この一巻の部分の rope と belaying pin との摩擦力を利用しながら慎重に繰り出す。途中で belay 又は hold on の号令が掛かった場合、出て行こうとする rope を確実に止めることができるよう常に心掛ける。

(5) Buntline stopper

展帆時に伸ばした buntline をそのままの状態で belaying pin に係止

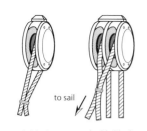

single block　　double block

図6.14 Buntline stopperの取り方

すると、風をはらんだ帆と擦れ合って帆を痛める。特に Course の場合、強制的に buntline を伸ばしてやらないと、帆はきれいに風をはらんだ状態にはならない。そのため、展帆終了後、作業員が yard に渡り buntline を十分弛ませた上で buntline stopper を取る。弛ませる長さは Course で 1 尋半、他の帆で 1 尋 (約 1.8m) を目安としている。帆の foot に結ばれた buntline が上方の mast 付き導滑車に導かれているので、その滑車の部分で stopper を取る。

　stopper の取り方は 1 枚 sheave の滑車の場合と 2 枚 sheave の滑車の場合で異なり、それぞれ図 6.14 のとおりである。

6.2.4.2　号令と操作

　解帆及び畳帆の号令と、それによる操作を以下に示す。

(1) 解帆の号令・操作

　(a) **総帆解き方用意 , Station for loosing all sails.**　受持ち mast のもとに待機する。

　(b) **第 1 解帆手登り方用意 , Upper yardmen on the sheer pole.** topgallants'l 以上の横帆、縦帆の解帆に当たる者は風上側の Lower shroud について構える。

　(c) **登れ , Lay aloft.**　第 1 解帆手は shroud を登り始める。

　(d) **第 2 解帆手登り方用意 , Lower yardmen on the sheer pole.**　第 1 解帆手の後尾が top に達した頃発令する。第 2 解帆手は Lower shroud について構える。

　(e) **登れ , Lay aloft.**　第 2 解帆手は shroud を登り始める。

　(f) **渡れ , Lay out.**　解帆手の先頭が受持ち yard に達したとき発令する。解帆手は yard に渡る。

　(g) **解け , Loose & let all.**　gasket を解く。横帆は buntline, clewline で支えられる。

　(h) **戻れ , Lay in.**　gasket の処理が終わったとき発令する。解帆手は mast 側に戻る。

　(i) **降りよ , Lay down from aloft.**　解帆手は甲板上に降りる。

(2) 畳帆の号令と操作

　(a) **総帆畳み方用意 , Station for making fast all sails.**　受持ち mast のもとに待機する。

　(b) **第 1 畳帆手登り方用意 , Upper yardmen on the sheer pole.** topgallants'l 以上の横帆、縦帆の畳帆に当たる者は風上側の Lower shroud について構える。

　(c) ~ (e)) は解帆時に準ずる。

　(g) **総帆畳め、シー (又はハーバー) ガスケット掛け , Make fast with**

sea (or harbor) gasket.　畳帆手は yard に並び、協力して帆をたくし上げ、gasket を掛ける。

(h), (i)は解帆時に準ずる。

6.2.4.3　展帆号令と絞帆号令

展帆号令と絞帆号令を以下に示す。

(1) 展帆号令 (Order to set sails)

【Lower Tops'l】

Set Lower Tops'l.

Stand by Lower Tops'l sheets.

Slack away buntlines & clewlines.

Haul tight sheets.

Belay sheets.

【Upper Tops'l】

Set Upper Tops'l.

Attend braces & Lower Topgallants'l sheets

Slack away downhauls, buntlines.

Haul tight sheets.

Belay sheets.

Stand by halyard.

Haul tight halyard.

Belay halyard.

Take in slack weather (lee) brace.

【Lower Topgallants'l】

Set Lower Topgallants'l.

Stand by Lower Topgallants'l sheets.

Slack away buntlines & clewlines.

Haul tight sheets.

Belay sheets.

【Upper Topgallants'l】

Set Upper Topgallants'l.

Attend braces & Royal sheets.

Slack away downhauls & buntlines.

Haul tight sheets.

Belay sheets.

Stand by halyard.

Haul tight halyard.

Belay halyard.

Take in slack weather (lee) brace.

【Royal】

Set Royal.

Slack away buntlines & clewlines.

Haul tight sheets.

Belay sheets.

Stand by halyard & attend braces.

Haul tight halyard.

Belay halyard.

Take in slack weather (lee) brace.

【Course】

Set Course (Fores'l, Mains'l, or X'jack).

Stand by tack & sheet. (or Stand by both sheets.)

Slack away clewgarnets, buntlines & leechlines.

Haul tight tack & sheet.

(Heave & haul bowline.)

N.B.: In hauling a tack aboard, let go weather lift beforehand.

【Jibs & Stays'l】

Set jib (stays'l).

Stand by sheet & halyard.

Slack away downhaul.

Take in slack sheet.

Haul tight halyard.

Belay all.

【Spanker】

Set Lower (Upper) Spanker.

Stand by foot & head out haul.

Slack away foot inhaul, head inhaul, brails & tripping line.

Haul tight foot & head outhaul.

Belay head outhaul.

Belay foot outhaul.

【Gaff Tops'l】

Set Gaff Tops'l.

Stand by sheet & halyard.

Let go downhaul.

Haul tight Sheet.

Hold on Sheet.

Haul tight halyard.

Belay halyard.

Haul tight sheet.

Belay sheet.

Let go tripping line & lee tack.

5　Haul tight weather tack.

Belay tack.

(2) 絞帆号令 (Order to take in sails)
【Course】

10　Haul up Course (Fores'l, Mains'l or X'jack).

Stand by clewgarnets, leechlines & buntlines.

(Let go bowline.)

Slack away tack &sheet.

Haul tight clewgarnets, buntlines & leechlines.

15　Belay all.

【Royal】

Down (Take in) Royal.

Stand by clewlines & buntlines.

Attend braces.

20　Slack away halyard.

Take in slack clewlines & buntlines.

Slack away sheets.

Haul tight clewlines & buntlines.

Belay clewlines & buntlines.

25　Take in slack braces.

【Upper Topgallants'l】

Down Upper Topgallants'l. (Take in Upper Topgallants'l.)

Stand by downhauls & buntlines.

Attend braces.

30　Slack away halyard.

Take in slack downhauls. Haul tight downhauls.

Slack away sheets.

Haul tight buntlines.

Belay downhauls & buntlines.

35　Take in slack braces.

【Lower Topgallants'l】

Haul up Lower Topgallants'l.

Stand by clewlines & buntlines.

Slack away sheets.

Haul tight clewlines & buntlines.

Belay clewlines & buntlines.

【Upper Tops'l】

Down Upper Tops'l. (Take in Upper Tops'l.)   5

Stand by downhauls & buntlines.

Attend braces.

Slack away halyard.

Take in slack downhauls. Haul tight downhauls.

Slack away sheets.   10

Haul tight buntlines.

Belay downhauls & buntlines.

Take in slack braces.

【Lower Tops'l】

Haul up Lower Tops'l.   15

Stand by clewlines & buntlines.

Slack away sheets.

Haul tight clewlines & buntlines.

Belay clewlines & buntlines.

【Jib & stays'l】   20

Down jib (stays'l). (Take in jib (stays'l)).

Stand by downhauls.

Attend sheet.

Slack away halyard.

Haul tight downhaul.   25

Slack away sheet.

Belay downhaul.

【Gaff Tops'l】

Down Gaff Tops'l. (Take in Gaff Tops'l.)

Stand by downhaul & tripping line.   30

Attend halyard, sheet.

Slack away halyard.

Haul tight downhaul.

Slack away sheet.

Belay downhaul.   35

Slack away tack.

Haul tight tripping line.

Belay all.

　(d) 風向が Quarter から正船尾に近づくと、風は Mizzen mast の帆に遮られ、前方の帆があおり始める。これは帆が総合的に最高の効果を発揮できなくなったことを示している。それを解消するには、後方の帆を絞って前方の帆に風が入るようにするか、針路を 2 ~ 3pt 切り上げて前方の帆に風を入れ、適当な時間間隔でジグザクに航進する。

　(e) Jib は風が入らなくなったら降ろすが、風向の急変に備え一枚は残しておくことが一般的である。

　(f) Spanker は操舵に最も大きな影響を及ぼすが、boom の振出し角度が rigging に妨げられ、調整が制限される。boom を入れ過ぎた場合、Spanker の影響によって船首が切り上がろうとするので、それを防ぐために当て舵量が増加し、その結果として船体抵抗の増加を引き起こし、船速の低下を招く。

6.4　操帆の実際

6.4.1　Tacking

(1) Tacking の要点

　Tacking を成功させるための要点は行脚による舵効である。Tacking を開始し、**失速風位** (Tacking 中、いずれの舷にあっても Sharp up にした yard の帆が風による前進力を失っている風位の範囲) に達すると、展帆中の各帆は前進推力を受けられなくなるばかりか、裏帆となって船体の前進惰力を減じる作用をするので、直ちに各 Course を clew up した方が良い。船体は前進惰力が消滅するまでは風上に進出することになる。

　船首が確実に切り上がって行くなら、船首が風央 (風の吹いて来る方向の中央。数値的には Close Hauled で航走中、Tacking 又は Wearing の直前直後の船首方位の中央値) まで後 1pt に達したとき、「クロジャッキ回せ！」を令して舵中央とし、後退を始めたら「舵風下一杯！」を令し、後進行脚の舵効と帆の旋回偶力を併用して船首を風央に向け、続いて新しい風下に落とす。船首が落ちすぎないようにするための操船上の対策は、船尾付近の展帆面積を増やし、船尾を風下に落とし、船首が切り上がるようにすることである。

　Course を clew up しないで yard を旋回することは、いかに配員数が多くても現実的でない。裏風が入っているときでも、重くて brace を引ききれない。

　日本丸の Tacking は好条件 (風力 4、総帆、うねり小) でも約 15 分かかり、前進行脚を保ったままでそれに成功することは難しい。

　それぞれの作業所要時間を把握しておくことは操船者にとって重要な

ことであり、特に船首が風央を通過する頃の最良の総帆号令を発する上で不可欠なことである (12.7 節参照)。

(2) 号令及び操作

(a) **上手回し用意 , Station for Tacking.**　総員受け持ちの部署に着く。

(b) **コイルダウン・ギア , Coil down gears.**　gear を coil down する。Tacking に必要な準備を整える。風下側の lift, clewgarnet, clewline, downhaul など風上側になった場合、張力が掛かってくるものを伸ばす。brace 等をスムーズに伸ばせるよう準備する。Spanker の guy 及び vang は boom sheet を変えやすい場所へ移す。必要に応じて次の命令を出す。

軽帆絞れ : 風が強過ぎるときは Royal、上方の stays'l 等を絞帆する。

各 yard 一杯に開け : この場合各 yard をスパイラルに trim する必要はない。

(c) **ダウン・インナージブ , Down Inner Jib.**　Inner Jib の風を抜き旋回を助ける。

(d) **ホールイン・スパンカーブーム , Haul in Spanker Boom.**　boom を中央まで引き入れ、更に風上に 1pt 位まで出し、船首の切上りを助ける。

(e) **舵風上一杯 , Hard a-weather.**　舵手は舵が風上一杯になったら、"Hard over, Sir!" と船長に報告する。船長は「舵風上一杯」を各部署へ伝達し、次の操作の発動に備えさせる。

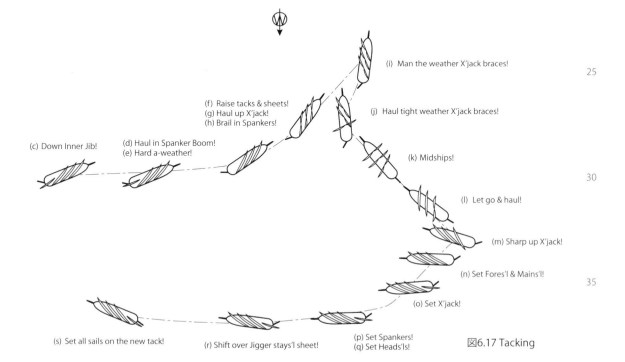

図6.17 Tacking

　(f)　**タック、シート上げ , Raise tacks & sheets.**　Fore yards (Fore & Main mast) が shiver し、続いて back wind が入り始めるが、このとき一斉に Fores'l, Mains'l を絞り yard を回すのに備える。

　(g)　**クロジャッキ絞れ , Haul Up X'jack.**

　(h)　**ブレールイン・スパンカー , Brail in Spankers.**

　(i)　**風上クロジャッキブレースにつけ , Man the weather X'jack Braces.** 風上の X'jack brace に十分な人手を配置し、一気に yard を回す段取りをする。伸ばす方の brace には熟練者を着け、絡まないように準備させる。

　(j)　**クロジャッキ回せ , Haul tight weather X'jack braces.**　一気に反対舷 1pt 開きまで回す。

　(k)　**舵戻せ , Midships.**　行脚を見ながら発令する。

　(l)　**フォアヤード回せ , Let go & Haul.**　Missing stay の恐れがないことを見定めて、一気に Fore yards と Main yards を反対舷一杯まで開く。

　(m)　**クロジャッキ一杯に開け , Sharp up X'jack.**

　(n)　**セット・フォースル、メンスル , Set Fores'l & Mains'l.**　Fores'l と Jib の関係から、weather jib にすると sheet が Fores'l の foot に当たり、その後の Fores'l の set が困難な状況になる。また、jib sheet の左右舷 shift に要する時間は、初代日本丸のそれに比べ若干長く掛かるので、jib 操作を先に令すると、勢い Fores'l の reset が遅れ気味となり、ひいては前進行脚の増加を遅らせることになる。Fores'l と jib の面積比を考えるならば、むしろ jib を down しておいて、Fores'l の操作、reset を優先する方が得策である。

　(o)　**セット・クロジャッキ , Set X'jack.**

　(p)　**セット・スパンカー , Set Spankers.**　あらかじめ boom を新しい tack としておく。X'jack と Spanker との関係から、boom guy, gaff bung, Jigger Stays'l sheet の shift 作業と X'jack 旋回作業とが交錯し、両作業を同時進行させることは困難である。

　(q)　**セット・ヘッドスル , Set Heads'l.**

　(r)　**ジガーステースル・シート替え , Shift over Jigger Stays'l sheet.**

　(s)　**総帆張れ , Set all Sails on the new tack.**

　【注意】Tacking は船首の切上りにつれて、次々に号令を発していかなければならないから、前の号令の操作が片付かないうちに次の号令を掛ける場合もある。現場の操作に当たる者はこのことを予測して作業の手順を良く頭に入れ、素早く片づけることに努めなければならない。

　Tacking が好調に進捗するときは、船が後退し始める前に「フォアヤード回せ」の号令がかけられる運びになるなど、号令の順序は Tacking の出来不出来によって、前後されることがある。

6.4.2   Wearing

(1) Wearing の意義及び操船法

　回頭は主として舵効きに依存するが、帆の旋回偶力を利用し、舵効と相まって旋回圏を小さくする工夫が必要である。Spanker, Gaff Tops'l, Jigger Stays'l 等回頭を妨げるものは早く取り込み、船首が風下に落ち始めたら、after yard を常に風央に向くように調整しながら引き入れ、帆の風圧を削ぐことによって回頭を助ける。jib が becalm されている間に sheet を替え、船尾が風央をかわったなら after yard を新しい開き一杯に回して風を入れ、Spanker を展じ船尾を風下に落とし、船首の切り上がりを助ける (10.7 節参照)。

(2) 号令及び操作

(a) **下手回し用意 , Station for Wearing.**

(b) **コイルダウン・ギヤー , Coil down gears.**

(c) **スパンカー、ガフトップスル絞れ , Take in Gaff Tops'l and Spankers.**　船首を落とす妨げとなる帆を絞る。風が強過ぎるときは Royal と上方の Stays'l を絞帆する。

(d) **舵風下一杯 , Hard a-lee.**　舵を風下に取り、船首を落とす。

(e) **クロジャッキ絞れ , Clew up X'jack.**　強風時は Haul up とする。

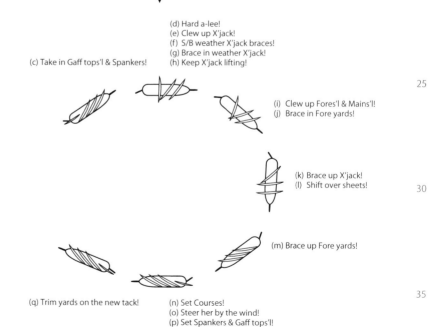

図6.18 Wearing

(f)　**風上クロジャッキブレースにつけ**, S/B weather X'jack brace.　風上 X'jack brace に十分な人手を配し、一気に yard を回す段取りをする。風下の brace には熟練者をつけ、伸ばす brace が絡まないように準備させる。

(g)　**クロジャッキ回せ**, Brace in weather X'jack.　一気に回すが、Main yard と重ならないようにする。

(h)　**クロジャッキ風を抜け**, Keep X'jack lifting.　船首が回頭するにつれ、X'jack を風央に保ち風を抜いて船首の旋回を助ける。X'jack を旋回させる速さよりも、一般的には船の回頭の方が速いから、yard の旋回角速度と船の回頭角速度とが一致するよう舵角で適宜調整する。

(i)　**フォースル、メンスル絞れ**, Clew up Fores'l & Mains'l.　強風時は Haul up とする。

(j)　**フォアヤード入れ**, Brace in Fore Yards.　fore yards (Fore mast, Main mast) を引き入れ、裏を打つのを防ぐ。

(k)　**クロジャッキ一杯**, Brace up X'jack.　一気に回すが、Main yard と重ならないように注意する。

(l)　**シート替え**, Shift over sheets.

(m)　**フォアヤード一杯**, Brace up Fore yards.　風央が正横に近づいたら、Fore yard と Main yard を一杯に開き、舵を戻す。

(n)　**セットコース**, Set Course.

(o)　**舵一杯開きに取れ**, Steer her by the wind.

(p)　**セットスパンカー、ガフトップスル**, Set Spankers & Gaff Tops'l.

(q)　**トリム・ヤード**, Trim yards on the new tack.

6.4.3　Boxhauling

(1) 号令及び操作

(a)　**下手小回し用意**, Station for Boxhauling.

(b)　**コイルダウン・ギア**, Coil down gears.

(c)　**舵風上一杯**, Hard a-weather. 操舵員は舵が風上一杯になったら、"Hard over, Sir!" と船長へ報告する。船長は「舵風上一杯」を各部署へ伝達し、次の操作の発動に備えさせる。

(d)　**ホールイン・スパンカーブーム**, Haul in Spanker Boom.　boom を中央まで引き入れ、更に風上へ 1pt 位まで出し、船首の切上りを助ける。

(e)　**タック、シート上げ**, Raise tacks & sheets.　fore yards (Fore mast, Main mast) が shiver し、続いて back wind が入り始めたら, 一斉に Fores'l, Mains'l を絞り yard の旋回に備える。

(f)　**フォアヤード回せ**, Let go & haul.　一気に fore と main の yard を反対舷一杯まで開く。裏帆として後進行脚をつけながら、船首を風下に

落とす。

(g) ブレールイン・スパンカー , Brail in Spankers.

(h) ジブ風上 , Shift over Jib sheets.

(i) クロジャッキ風を抜け , Keep X'jack lifting.　船首が回頭するにつれ、X'jack を風央に保ち、風を抜いて船首の旋回を助ける。

(j) (風央が近づいたら) クロジャッキ正横 , Keep X'jack square.

(k) 舵反対 , Shift over the wheel.　X'jack に風が入り、行脚がついたら舵を反対とする。

(l) フォアヤード入れ , Brace in Fore yards.

(m) クロジャッキ一杯 , Brace up X'jack.　船尾が風央をかわったら一気に回すが、Main yard と重ならないように注意する

(n) セット・スパンカー、ホールアウト・ブーム , Set Spankers. Haul out Boom.

(o) ジブシート替え , Shift over Jib sheets.

(p) フォアヤード一杯 , Brace up Fore yards.

(q) 舵一杯開きにとれ , Steer her by the wind.

(r) トリムヤード , Trim yards on the new tack.

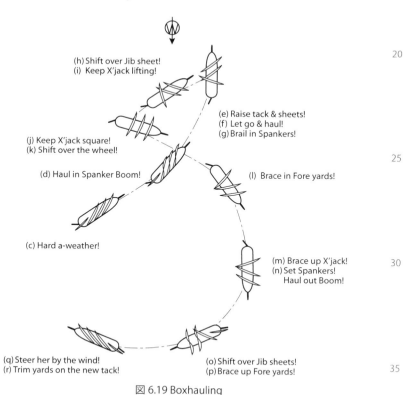

図 6.19 Boxhauling

6.4.4　Heave to

　踟ちゅうは必要に応じて任意に発停できる状況の下で行うのが通例であり、行脚を止めてその位置に留まるのが目的であるから、操船法は幾通りも考えられる (図 6.20)。

5　日本丸・海王丸で通例採用している踟ちゅう法は同図第 1 ~ 3 法である。いずれの場合にも、Course を絞り Spanker は展帆したまま boom 中央とし、舵は風上一杯に取るのが普通である。

　lee way を少なくするためには、適宜 stays'l, Royal を絞帆する。踟ちゅうしている船は前進行脚がつくと風上に切り上がり、次に逆帆となって
10　後進行脚になると船首は風下に落ちながら、船位は次第に風下に圧流される。踟ちゅうによる船首の振れ回り角度は、風浪と帆の状態によって異なるが、それでも通常は 3pt 以内である。

　10kn 前後の風が吹いているとき、各方法を比較してみる。第 1 法は前進力が大きいが、船首の振れ回り角度は小さい。例えば、端艇の降下
15　揚収を考える際、一般論としては振れ回り角度が小さい方が作業に便利な態勢であると言える。端艇乗員としては、本船の行脚が前後進を繰り返すよりは、多少速力があっても一定の方向に動いている方が達着が容易だからである。

　このことからいえば、絶えず前後進を繰り返す第 3 法は揚収作業に
20　は向かないが、前後への転移が最も少ない方法なので、例えば風上に島を望んで暫く時間待つという場合には有利である。

　また、何らかの必要に迫られて定常の帆走状態に戻さなければならない場合には、船首を直ちに風下に落とすのに操帆作業を必要とする第 2, 3 法より、操舵だけで済む第 1 法の方が優れていると言える。

25　Royal 及び Course を絞った程度の帆面積で第 4 法を採用するならば、前進行脚がとかく大きくなりがちで、姿勢制御のための操舵に相当の労力を費やすこととなるが、結局船首の切り上がりを押さえきれずに風央に達して、風力 4 程度でも俗に言う Natural tacking してしまうことが多い (12.7 節参照)。

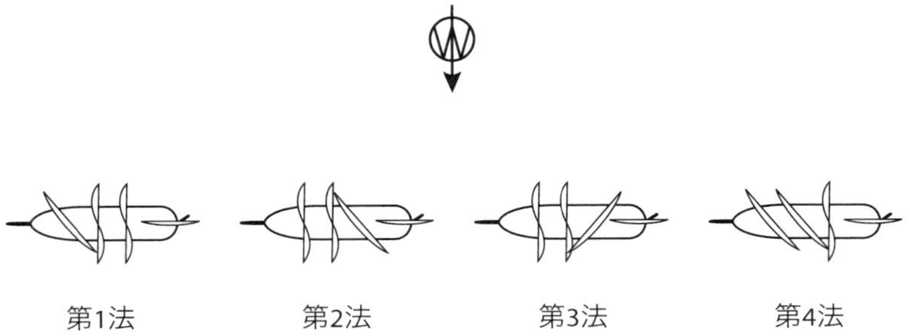

30

35　

　第1法　　　　第2法　　　　第3法　　　　第4法

図 6.20 Heave to

7 航海当直

7.1 帆走航海当直の体制

帆走は人力に依存するので、機走とは異なる当直体制とする。帆走であっても機走であっても、常に細心の注意を払い船舶を安全にかつ効率良く運航し、万一事故が発生した際にも、余裕をもって十分な対処ができる体制を確保しておくことが大切である。

荒天で、1箇班の当直員だけでは運航上不安があるときは、右舷直と左舷直の2グループに分けて交互に当直に当たる体制 (Watch and watch system) を採り、最悪の場合は**総員待機 (All hands on deck)** のまま荒天に備えることもある。

7.2 当直員の定常業務

当直員は当直航海士の指揮の下に、帆走に必要な一切の作業を受け持つ。その主要なものは次のとおりである。

(1) 本船と乗組員の保安

- 危険物避航
- 防火・防水のための巡視
- 作業上の安全措置
- Squall 対策
- 縮帆等 (一般に、16-20直でRoyalを畳帆し、04-08直で展帆する。)

(2) 保針・適帆

- 指示された針路を保持する。特に低速時に大舵角を取ることは、更に速力を減ずることに留意する。
- 適帆に努め、少しでも早く目的地に着けるように心掛ける。

(3) 日課・作業の進行

- 当直交代、日課の通達
- 船内時刻改正の通達

(4) 気象・海象の観測

- 風向・風力、気圧、気温、波浪、雲等の観測
- 船舶気象観測表の作成

(5) 対外通信連絡

- 国際VHF、発光信号、旗りゅう信号の接受

(6) 航海法規の遵守

- 航海灯の点灯及び霧中信号の実施

(7) 灯火及び通気管制

- 夜間当直員の暗順応を妨げる灯火の管制
- 雨やしぶきの浸入する箇所の閉鎖

(8) 日課及び作業 の準備と後始末

- 日課及び作業に必要な準備
- 甲板の清掃等の後始末

(9) 甲板及び gears の整頓

- 日没時の coil down gears (図 7.1)、日出時の coil up gears
- 操帆後の gears 整頓

(10) 守帆・守索

- chafing mat, baggy wrinkle, buntline stopper 等の不具合を点検し、帆及び gears の摩損防止を図る。

図 7.1 日没時の coil down gears

　上記業務の実施や風の急激な変化による総帆逆帆などの最悪の事態に備えるため、当直員は即時待機の習慣が必要である。"Officer on deck" という言葉は、当直航海士が常に甲板上で指揮する職務の内容を示している。

　当直中、全当直員が 4 時間を通じて常に最大限の緊張を続けることは困難なので、通常は各種当番を定め、交代でその当番につくことを原則としている。

　当番員以外の当直員が何時でも呼集に応じられるよう甲板上の風下側で待機することを **Lee-side 待機**という。**非常呼集** (笛による長 3 声) が発せられたならば、Lee-side 待機員は直ちに hood 前に集合する。当直員が居眠りしていたため対応が遅れ、本船を窮地に追いやるようなことがあってはならない。

7.3　当番員の業務

　帆走航海中の当番の種類と、その員数及び担当時間の例を示す。

副直	1~2 名	4 時間
操舵当番	2 名	1 時間 　(荒天時 4 名)
見張り	1 名	1 時間
風下当番	2 名	1 時間
計器当番	1 名	1 時間
気象当番	1 名	4 時間

(1) 副直 (Sub watch)

　副直は当直航海士の総ての任務を実行する心構えをもって当番にあたる。当直航海士と共に Quarter deck の風上側に位置し、風上側の海面と空を中心として全周を見張り、同時に Mizzen の最上帆の風上 leech

に注目しながら操舵を監督し、針路と速力を確認する。

By the wind の場合は 15 分に 1 回、Set Course の場合には 30 分に 1 回を目安に Compass check (gyro compass 示度と magnetic compass 示度との比較) を行う。

5　また、適宜甲板上を巡回して帆や gears の状態を点検し、trim と守帆・守索に努めるとともに、各当番の服務状況と lee-side 待機員の状況を確認する。夜間であれば、夜間命令簿 (Night Order book) を読んでその内容を理解しておく。

航海日誌 (Deck Log Book) に記載する内容は以下のとおりである。

10
- Course と Lee way
- Log Reading と Log total
- 風向・風力、その他の気象データ
- 操帆状況
- 課業内容等

15
(2) 操舵当番 (Wheel)

操舵当番には通常 2 名 (荒天時には 4 名) が当たる。風上側を Weather wheel、風下側を Lee wheel という。Lee wheel は Weather wheel の指示に従って舵輪を廻す。

Set Course のときは Steering compass を見て指示された針路を保持
20 する。By the wind のときは Mizzen mast の最上帆の風上 leech が少し shiver する程度に針路を取る。Set Course のときは yawing につれて compass card が振れ回るため、小角度の偏向は見逃しやすい。偏向が大きくなってから舵を取ると大舵になるので、こまめな操舵が重要である。陸標、星等信頼できる目標が得られる場合は、これを目当てに操舵
25 するのも一法である。

帆走中の帆船は通常風上に切り上がろうとする性質を持っている。これは、転心が風圧力中心よりもやや前方にあることによるもので、当て舵を取って針路を保持することになる。当て舵量は展帆状況や風力等によって異なるから、操舵当番はできる限り早くこの量を把握し、安定し
30 た保針に努める。不要な操舵は速力の減少と蛇行を招く。特に微風で前進行脚がわずかなときには、細心の操舵を心掛けなければならない。

荒天時の不注意な操舵は、Broaching-to や Brought by the lee を招き、破局的な危険をもたらすことを忘れてはならない。

常に厳正な操舵規律を維持 (Keep good steerage) し、1m でも先に船
35 を進ませるよう心掛け、交代時には針路のみでなく、当て舵量を引き継ぐことも忘れてはならない。

また、操舵員自身が wheel に巻き込まれたり、はねられたりして負傷した例もあるので、操舵作業に対する注意も必要である。

(3) 見張り (Lookout)

　見張り員は船首に位置し、船首方向から両舷正横にかけての見張りに当たる。当直航海士の見張りの死角を補う大切な任務を遂行するものであり、船全体の中で極く限られた「目」であることを認識する。

　単に船舶のみではなく、漁網、流木等の漂流物の発見にも努めなければならない。適宜、双眼鏡を用いて水平線から本船に至る海面を見渡し、sharp lookout に努める。船舶等を認めた場合は、weather side から船尾の当直航海士に向かって大声で知らせる。

　見張り員は見張りばかりでなく船首の状況も報告する。jib が shiver を始めたら "Jib shiver, sir!" と、夜間に於いては航海灯の点灯を確認し他に異常がなければ "All's well, sir!" と、大きな声で報告する。

(4) 風下当番 (Lee-side)

　風下当番は気象観測や情報連絡等に当たり、適宜当直航海士に報告する。当直航海士から招集信号 (短音 2 回の笛信号) が発せられたら、直ちに hood 前に集合する。

- 15 分毎の風向・風力、30 分毎の気圧、1 時間毎の天候、乾湿球温度、海水温度を観測する。特に、風向風速は帆走時の非常に重要な気象要素なので慎重に算出する。
- 毎 30 分及び毎正時の Log Reading を記録する。
- 毎 30 分、毎正時及び当直交代 15 分前に時鐘を点打する。
- 日課及び当直交代 (30 分、15 分、5 分及び 1 分前) を予告する。
- 天候の変わり目 (Squall、雨、霧、風向の変化等) には、甲板上の開口部 (天窓、出入口等) の開閉を行う。
- 特令による船内伝令、その他

(5) 計器当番 (Radar)

　計器当番は主に Radar により他の船舶、陸地及びしゅう雨等の看視業務を行う。物標を探知した場合、直ちに当直航海士に報告し、併せて見張り員にも知らせて注意を喚起する。その後も物標の動静把握に努め、適宜、当直航海士に報告する。

(6) 気象当番 (Weather)

　気象当番は当直時間を通して雲の発達やうねりの変化等に注意し、3 時間毎に気象観測表を作成する。そのデータは日本の気象庁や海外の気象関係機関へ送信され、天気図作成の重要な資料となるので、船舶気象観測指針に従って正確に作成する。

　気象・海象に注意を払い当直することによって、天候の変化や低気圧の接近等を予測することができるようになる。

7.4 当直交代

当直とは、当直員が船体・機材等を駆使して航海の目的を遂行することである。当直の交代時には、船体・機材等と当直員を最適の状態において受渡しすることが当然の義務であり、海上の伝統でもある。また、気象・海象の変化を次直者が把握できるよう的確に伝える必要がある。

当直交代の標語は「なしうる最善の状態の下に授受せよ」である。

7.4.1 交代の準備

(1) 当直に立つ前に

最初に、身仕度を整える。暴露甲板上で 4 時間の当直業務に当たるため、風雨にさらされること、また mast 上での作業に備える必要があることから以下の身仕度を要する。

- 保護帽と墜落制止用器具等
- 雨中作業衣
- 笛 (副直のみ)
- 防寒対策

夜間には視覚の暗順応に要する時間的余裕を見て行動する。明るい居住区からあわてて甲板上に飛び出すと、視覚は全く働かず capstan に激突して負傷するなどの例は珍しくない。

(2) 当直の終りに

当直を終わろうとする者 (**前直者**) は次のような慣例を踏み、「物」を最適の状態とする。

- 交代 30 分前に甲板上を巡視して整理整頓を励行し、帆や gears の trim の良否を点検する。
- 交代 15 分前までには、帆を trim し直す。buntline stopper の切れているものは取り直し、brace のたるみは Fore mast から後へ順に取る (**Lee fore brace**)。
- stays'l sheet や Spanker outhaul のたるみを取る。
- Standard compass と Steering compass の指度を確認する。
- 海図台上を整え、海図室内を整頓する。

7.4.2 交代

当直に入ろうとする者 (**次直者**) は、交代 15 分前までに hood 前風下舷に整列する。風上舷に向かって整列したなら、副直に当たる者は人員点呼を行い、異常の有無を入直する航海士に報告する。航海士から現在の状況等に関する説明あるいは必要な指示が与えられる。

前直者のうち、Lee-side 待機員は交代 15 分前までに hood 前の風上舷に次直者と相対して整列する。

(1) 副直の交代

次直の副直は交代 15 分前までに後部海図室に入り、現状を把握する。天気図や Lee-side book 等から現在の気象状況を把握すること、海図を見て船位を確認すること、最近の経過を確認すること等が必要である。次直者全員に対する入直に際しての説明あるいは指示等を次直航海士から受けた後、前直副直から引継ぎを受ける。簡潔、明瞭、大きな声で引き継ぐ。定型的な流れに沿い、余分な言葉はできるだけ省く。

引継ぎ事項は以下のとおりである。

- 針路、速力
- 船位
- 展帆状況
- 気象・海象の現況と変化状況
- 今後予想される危険の有無
- 船長命令

(2) 当番員の交代

交代 5 分前に、前直の風下当番は「当直交代 5 分前」を知らせる。次直の各当番員は「○○当番掛かります。」と報告してそれぞれの部署につき、前直者から引継ぎを受ける。正時に交代した後、前直者は他の前直者が整列している場所に並び、前直航海士に交代した旨報告する。

なお、毎正時の当番員の交代についても当直交代時に準じた要領で行う。

(3) 交代後の船長報告

前直の航海士と副直は、交代後、交代した旨を船長に報告する。その要領は交代引継ぎ要領に準じて行う。

(4) 引継例

(a) 針路

- Desirable course 120°、
- Set course 125°（若しくは、by the wind, average course 125°）、
- Lee way 5°、
- True course 120°、
- 最後の compass check の結果、Gyro compass 125° のとき、Standard compass 132°, SE1/4E, Compass error 7° W'ly, Variation 5° E'ly, Deviation 12° W'ly, Weather compass SE1/2E, Lee compass SE/E3/4E。

(b) 展帆状況

- Yard は Starboard tack sharp up、
- 展帆している sail は、横帆については各マスト Upper Topgallants'l 以下総て、縦帆については Flying jib、Inner jib、Main 及び Mizzen の Topmast stays'l, Jigger Stays'l, Spanker2 枚です。その他は make fast (run down) してあります。

8　緊急操船法

この章ではメソγスケール (Squall 等) 及びメソ α スケール (台風等) に対処するための操船法を述べる。

8.1　荒天の察知

近年、気象観測の体制が整い、船舶ではその情報を効果的に利用して安全かつ能率的な運航が図られている。しかし、天気図には記載されないメソγスケール以下の現象や、観測網が粗いため天気図に示されていない低気圧により、思わぬ荒天に遭遇することを考慮しておく必要がある。特に大洋においては、天気図等外部情報のみを過信せず、気圧の変化、雲の発達や流れ、うねりの方向及び大きさなど自船の観測データに常に注意を払わなければならない。気圧が下がり風力が増し天気が悪化してくれば、荒天を予想して十分に早い時期に準備を整える必要がある。

帆船は帆の後方から風を受けて帆走するよう設計されている。この方向の風に対しては shroud などの backstay が強力に mast を支え、更に船速によって風圧を緩和することができる。しかし、逆帆の場合 mast を支えるのは forward stay のみであり、最終的には Bobstay で支えられる Bowsprit に張力が掛かるという構造上の弱点がある。したがって逆帆とならないよう、天候に注意しながら操船していくことが大切である。

8.1.1　Squall の予知とその対処

次のような兆候に気付いたならば、Squall の襲来を警戒しなければならない。

- 水平線上に異様な雲、特にアーチ型又はかなとこ状の濃厚な雲が現れたとき。
- 上記の雲が濃く、輪郭がはっきりしているとき、またその動きが速いとき。顕著であればあるほど、その勢力は大きい。
- 今まで吹いていた風が急に止み、三角波が立ち始めたとき。
- 風向・風力が急激に変化し始めたとき。
- 遠方の水面に今までと異なる白波が見えてきたとき。
- 前線の接近が予知されたとき。

Squall の襲来に気付いたならば、まず減帆する。減帆の順序は heeling moment の大きい帆から、また破れやすい帆から着手する。即ち、最上の帆を畳み、風の強さに応じて逐次下方の帆まで作業を進める。

　帆船は突風を受けると風上に切り上がる傾向がある。したがって、Squall の襲来に気付いて Royal, Upper Topgallants'l 等の軽帆を取り込んだ後、舵で風上に切り上げ風圧を削いでしのぐ方法 (**Luffing**) を取るのは容易である。しかし、風位の急変により逆帆となる危険性も高いので、日本丸・海王丸では風下に舵を取って船首を落とし、より安全な方向から風を受けて帆走する方法 (**Pay off**) を採用する。この場合には、あらかじめ、Gaff Tops'l, Spanker, Jigger mast の上列の stays'l を取り込んでおく方が安全である。

　油を流したような無風の海に突然壮大な積乱雲が現れてみるみる全天に広がり、バラバラと前ぶれの雨が降り、暫くするとどしゃぶりの雨と共に稲光と雷鳴が激しくなってくる。しかし、風はわずかに帆をふくらませただけで悠然と遠のいて行く場合もある。幾度となく穏やかな現象に出会っていると、いつの間にか警戒心をなくしてしまう。そういうときに限って猛烈な Squall に襲われ、あわてふためくことになるから、普段から注意深く四周を見張り、いち早く Squall に気付くことができるよう、十分な準備を整えておかなければならない。

　Squall の進行速度は 20 ～ 40kn とみて良い。したがって、Squall が水平線に現れてから本船に来襲するまで数分から 10 数分の時間である。Squall に気付いて当直員に減帆を命じ、直ちに作業に取り掛かったとしても、絞帆できる横帆は Royal 程度であろう。

　Squall はその進行速度が大きいので強烈な風を突如としてもたらし、しかも風向が 10pt も 15pt も急変するため、帆船にとって最も危険な状態である総帆逆帆になりやすい。総帆逆帆を打つと行脚が止まって舵効を失い、操船不能になる可能性が大きい。その間に風圧が高まり、帆を破るか、stay を切断して mast を折るか、あるいは船体を横倒しにして **Beam ends** に追いやり、転覆に至ることもある。特に、逆帆となる瞬間に前進行脚が残っている場合には、風圧は行脚によって更に増大する。夜間、特に暗夜の Squall には用心しなければならない。

8.1.2　逆帆からの脱出

　当直航海士は常に四周に注意を払い、壮大な積乱雲や寒冷前線に伴う Squall にいち早く気付き、あらゆる手段をつくして**総帆逆帆 (Caught by the lee)** に陥らないように操船しなければならない。しかし、逆帆に陥ってしまったときは、あわてずに次の方法を実施して逆帆からの脱出を図る。

　行脚があり十分に舵が効く場合には、舵効を利用して速やかに船首を風下に落とす。それと同時に、Spanker, Gaff Tops'l 等の船尾付近の縦帆を絞り、状況に応じて yard を旋回し、帆の旋回偶力を利用して回頭

を助ける。操舵による逆帆からの脱出が不成功に終わり、かつ行脚が無くなったら、「舵戻せ！」を令して舵中央とし、後退を始めたら「舵風下一杯！」を令し、後進行脚の舵効と帆の旋回偶力を併用して船首を風央に向け、続いて新しい風下に落とし脱出する。

5　　特殊な場合として、寒冷前線通過時、Squall 襲来の直前、あるいは Squall と Squall の合間に急に風速が衰え風向が定まらなくなり、あるいは風が全く凪いでしまって行脚がほとんどなくなったような状態では、**Counter brace** として風の吹き始めるのを待つことがある。風の吹き出す方向が予知できるときは、その方向に fore yards を一杯に開き、after

10　yards は正横として待機することもある。いずれの場合も、Spanker, Gaff Tops'l 等の船尾付近の縦帆を絞り、Course を clew up しておいた方が良い。この状態で総帆逆帆になった場合の脱出も同様である。

8.2　熱帯低気圧からの避航

15　　熱帯低気圧からの最良の避航法は熱帯低気圧から十分に距離を保つことであり、それができない場合の操船法が**避航操船**である。

　自船での気象観測、天気図、台風進路予想図、気象衛星雲写真等により順次情報を入手・解析し、十分に余裕のある時期に的確な対策を立てなければならない。

20

8.2.1　右半円と左半円

　北半球において、熱帯低気圧の進路に対して右半円を**危険半円** (Dangerous semicircle)、左半円を**可航半円** (Navigable semicircle, Less Dangerous semicircle) といい、次に示す一般的な特徴がある。

25　**(1) 右半円 (危険半円)**

　熱帯低気圧の造り出す風とその進行速度が加わるため、左半円よりも風速が速くなる。右半円前方 (熱帯低気圧の進路右側) は、船舶 (帆船) を進路上に巻き込む風向となるため最も危険である。

(2) 左半円 (可航半円)

30　　熱帯低気圧の造り出す風とその進行速度が相殺され、風速は右半円よりも遅くなる。左半円前方 (同進路左側) では、船舶 (帆船) を進路から遠ざけるような風向となる。ここで、可航半円はその名称から安全であるかのような印象を与えるが、熱帯低気圧とその周囲の高気圧との気圧傾度や地形によっては左半円の方が強風が吹く場合があるので、可航

35　半円は危険半円より多少危険度が小さい程度であると解釈すべきである。ちなみに、海王丸座礁時の台風 TOKAGE の場合、右半円よりも左半円において、より強い瞬間最大風速が各地で記録された (10.1.3 節参照)。

8.2.2　　避航操船 (北半球)

　熱帯低気圧の大きさや進行速度、本船との距離、船速や堪航性、陸地の存在など、避航条件は千差万別で避航法を画一的に述べることはできない。したがって、ここでは一般的な避航法を述べる。

(1) 熱帯低気圧の進路上にある場合 (図 8.1a)

　気圧が一定下降し風向が変わらない場合、船位は熱帯低気圧の進路上にあるものと判断できる。

　この場合、Starboard tack 2pts yards で右船尾から風を受け (Quartering)、進路上から左半円への脱出を図る。左半円に入った後は、(3) 熱帯低気圧の左半円前方にある場合により避航する。

(2) 熱帯低気圧の右半円前方にある場合 (図 8.1b)

　気圧が一定下降し風向が右へ変化 (順転) するならば、船位は熱帯低気圧の右半円前方にあるものと判断できる。

　この場合、熱帯低気圧の進路に巻き込まれる最も危険な位置にあるので、Starboard tack sharp up で風上一杯に切り上げて航走し、熱帯低気圧の中心から脱出する。気圧が上昇に転じ風が弱まってくれば、右半円後方に入ったことになり、危険度は減少する。

　このように北半球において、風が右 (R) に回り、熱帯低気圧の右半円 (R) にいるとき、右船首 (R) に風を受けて中心より脱出する方法を **3R の法則**という。

(3) 熱帯低気圧の左半円前方にある場合 (図 8.1c)

　風向が左へ変化 (逆転) するならば、船位は熱帯低気圧の左半円にあるものと判断できる。

　この場合、Starboard tack 2pts yards で右船尾から風を受けて順走し (**Scudding**)、熱帯低気圧の中心から遠ざかるように操船する。気圧が上昇に転じ風が弱まってくれば、左半円後方に入ったことになり危険度は減少する。

(4) 熱帯低気圧の進路よりもわずかに右にいる場合 (図 8.1d)

　熱帯低気圧の進路よりもわずかに右にいる場合、進路を横切って左半円に避航すべきか、Lying to により右半円で避航すべきかは一概に決定できない。熱帯低気圧と本船との位置関係や速力等を慎重に判断し、その避航法を決定しなければならない。

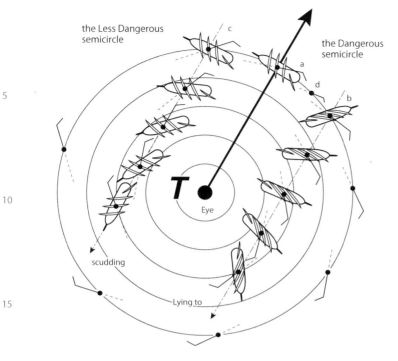

図8.1 熱帯低気圧からの避航操船(北半球)

8.2.3　漂ちゅう Lying to

Lying to とは台風の中心が接近するなどの異常な強風やうねりのため操船が困難になった状況で、船体で最も強い船首を風浪に立てて行脚をなくし、洋上の一点に留まって荒天の通過を待つ操船法をいう。

舵効を保つのに必要最小限の **Storm sail** を残し、舵を風上一杯に取って船首を風位に立てるのが定石である。日本丸及び海王丸では Inner Jib, Fore Lower Tops'l, Main Lower Tops'l 及び Jigger stays'l を展帆して yard を一杯に開き、舵を風上一杯に取れば船首を風央から 6pt 程度に保つことができる。

この場合、Storm sail も吹き破られることを念頭に置いておかなければならない。帆を失った船体が怒濤の中に放置されると、船体は波間に横たわって激しく動揺し、危険な状態に陥ることがある。

8.2.4　荒天順走 Scudding

Scudding は荒天順走ともいわれるが、Quarter wind を受けて順走することであって、荒天下のみの順走を意味するものではない。

Scudding 中、安全を保つには風浪の動きを注意深く見守り、船の振れ回りを素早く小舵角で押さえ、なるべく大舵をとらないように努める

必要がある。そのためには、技量の高い操舵手による操舵を必要とする。

　ますます険悪な天気となって前路に Lee shore が近づく場合、あるいは夕刻になりそうな場合には早目に Lying to に移った方が良い。その場合、いずれの開きにするかは、熱帯低気圧避航の法則に従って決定するのが良策である。また、Scudding を行うときは Lying to を予期した上で展帆する帆を決定すべきである。

　荒天中の Scudding には以下の危険を伴う。

(1) Broaching-to 又は Brought by the lee

図 8.2 Broaching-to

　Broaching-to は急に風上に切り上がって逆帆となることを、Brought by the lee とは船首が風下に落ち風を風下舷から受けて逆帆となることをいう。どちらの場合も操船の自由を失い、強風と大きなうねりに横腹を曝し激しく動揺しているうちに破局的な危険に陥る。

　このような危険は不注意な操舵によって引き起こされる場合だけではなく、巨大な波浪によって船尾が高く持ち上げられ舵が水面から浮き上がって舵効を失ったところで、船首は波の谷底に突っ込み船尾が大きく振り回される瞬間に引き起こされる。

(2) Pooping down

図 8.3 Pooping down

　船尾から追走する波浪が巨大になり後部甲板になだれ込むことを pooping down という。打ち上がった海水により甲板上の当直員がさらわれたり、操舵装置が破壊されたりして、操舵不能のまま Broaching-to などの破局的な事態に陥ることが多い。日本丸及び海王丸ではこれを防ぐため hood を設けて操舵場所を覆っている。

8.2.5　減帆及び増帆時機の目安

　荒天遭遇に際しての減帆の要領については、Scudding 又は Lying to のどちらを試みるかによって異なり、船の状況と乗組員の技量を考えて決定しなければならない。風速 20m/s が予想される場合は Topgallants'l までを、25m/s が予想される場合は Upper Tops'l までを畳み、Lying to に備えておくのが安全である。減帆の時機を逸してはならない。

　風速の増加は予断を許さない場合があるから、天候が悪化する兆しが見えたら、十分余裕を見て減帆する必要がある。最後まで残した帆は吹き破られるのを覚悟して、sheet や tack を二重に取るなどの補強をする。

　荒天をもたらした低気圧が通過した後、最も注意すべきことは増帆の時機を見誤らないことである。熱帯低気圧ではその中心の通過後に、通過前よりも猛烈な風が反対方向から吹き込むのが通例であり、その変化ははっきりしていて、長くは続かない。しかし、中緯度から北方の洋上で温帯低気圧に出会うと、その等圧線の不規則さに比例して、風向風力

の変化も不規則である。その中心が過ぎてから、なお一昼夜も著しい天
気の変化が現れず、判断に迷うことも少なくない。もはや中心が遠のき
風速が衰えたものと考えて増帆したところが、間もなく猛烈な吹返しに
襲われ、多くの帆を失った例がある。増帆は気圧が十分に回復し、天候
が定まってから行うのが安全である。

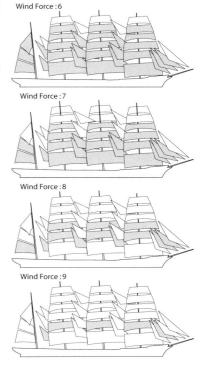

図 8.4 日本丸における減帆の目安

9 荒天避泊及びその限界

9.1 荒天避泊

5　**守錨**とは錨と錨鎖の**把駐力**を**外力**以上に保つことである。

錨泊時には、底質・水深など把駐力に影響を及ぼす要素、風向・風速・風浪・うねり・海潮流などの気象・海象が及ぼす要素、更には付近に錨泊する他船の状況など変動する要因が大きいため、画一的な**守錨基準**を定めることは適切ではない。

10　荒天を凌ぐには、最初に錨泊で凌げるかどうかを判断し、避泊が適さないと考えられる場合には避航に移らなければならない。

9.2 荒天避泊の判断

荒天に遭遇した場合、避泊するか避航するか、その判断フローを図
15　9.1 に示す。

錨地に波が進入する場合は波の影響を考慮した守錨基準で臨まなければならない。

(1) 避泊の一般的な準備

基本的には、yard は **Point yards**（使用錨側に Sharp Up) とする。つ
20　まり、左 (右) 錨使用であれば Port (Starboard) tack sharp up とする (図 9.2)。

Course Recorder, Log, Radar, AIS, GPS を作動させ、振れ回りや船位を確認するとともに、周囲の状況を注意深く観察する必要がある。その他、開口部や舷窓の閉鎖確認、yard 固めなど、運用の原則に従う。

25　### (2) 錨地の選定

錨地の選定にあたっては、過去の錨泊実績、海図、水路図誌、調査報告書などによる錨地情報のほか、現地関係者の助言、そのときの他船の停泊状況や気象警報などあらゆる情報を総合して判断する。

(3) 錨泊法の選定

30　単錨泊 (振れ止め錨と併用) 又は **2 錨泊**を決定する。錨泊法を決定した後にあっても、気象海象の現状ないしは予想の変化に伴い、外力の推定と把駐力の推算を繰り返し行う必要がある。

単錨泊の場合、振れ回りの状態により振れ止め錨の使用を検討する。経験的に、日本丸・海王丸は強風下で大きく振れ回ることはほとんどな
35　いが、風を受ける角度が船首尾線に対し大きくなると風圧力は飛躍的に増大するため、振れ止め錨の使用は片舷の振れ回りが 20°以上となった場合を目安とする。振れ止め錨の投下にあたっては、主錨の錨鎖と振れ止め錨の錨鎖が絡まないように投下するとともに、荒天が去ったならば

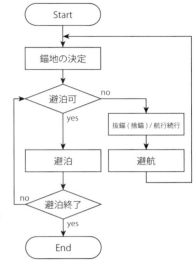

図 9.1 荒天避難判断フロー図

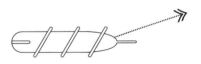

図 9.2 Point Yards

直ちに振れ止め錨を揚収する必要がある。

　一定の風速、波高を超えることが予想される場合、2錨泊へ移行することになる。この場合、最大風速となる風向を予測し、錨鎖交角が30°程度になるように第2錨の投下位置 (錨鎖9節で錨間の距離は130m程度) を決定する必要がある。

　風向の変化によっては、単錨泊から移行することは容易ではない。したがって、荒天錨泊を行う場合には最強時の外力を予測して避泊方法を決定し、船体の姿勢を機関と舵で制御できる時期までに態勢を確立しておく必要がある。

　台風通過時のように風向が大きく変化する可能性がある場合、振れ止め錨の投入を含み2錨泊を躊躇しがちであるが、単錨泊の場合には比較的早い段階で把駐力限界に達するので、予想外力が2錨泊による限界把駐力の範囲内であるならば、速やかに2錨泊に移行すべきである。また、予想外力が2錨泊による限界把駐力を超える場合には、揚錨可能な時期に航行による避航に移るべきである。ただ、日本丸・海王丸の揚錨機の巻き上げ能力は18ton (176.5kN) にすぎないため、比較的波の影響の小さい狭い湾内においても、風速30m/sを超えると巻上げ不能となる。予想を超えて風速、波高が増大し、外力が限界把駐力を超える可能性が生じた場合、揚錨機の巻き上げ能力を考慮して、捨錨し航行状態に入ることを決定しなければならない。13.2節に海王丸捨錨要領を示す。

(4) 外力要素の検討

　外力諸要素の検討方法を図9.3〜9.6により解説する。

　図9.3に、十分に吹走距離のある海域を風速一定の風が一定時間吹走した場合の波高推算値推算結果を示す (合田が紹介した方法)。計算式にはいわゆるSMB図表の推測波高図とほぼ同じ結果を示すWilsonの式を用いたが、参考としてBretschneiderによる有限水深の計算結果も示している。

　図9.4に船体に働く波漂流力を波の向きをパラメータとして、波高1m毎に計算した結果を示す。計算にあたっては、丸尾、野尻らによる二次元有限水深の規則波による波漂流力理論を使用した。

　図9.5に、日本丸、海王丸の風洞試験結果に基づいた風圧力推算値を風速10m/sごとに計算したものを示す。船体正面及び横投影面積の計算にあたっては、動索及び静索の影響も考慮した。同図から分かるように、yardの開き方向と逆からの風を受けた場合風圧力が増大する。一般にyardは使用錨の舷に開くものの、風向が一定して逆舷から吹く場合には風上舷側にyardを開き直すべきである。

　図9.6に、両船の模型実験から得られた流体力微係数を用いて、船首

から 30°までの角度で船体に海潮流等の流れが当たる場合の船体に働く
流圧力を計算した結果を示す。1 ~ 4kn 程度の流速範囲で船首から受け
る場合には流れの影響はほとんどないが、流れがある程度の角度を持っ
て船体に当たる場合には大きな流圧力となるので、船体が風に立ち斜め
5　から潮を受けるような場合には注意を要する。

　これらのうち、風圧力と波漂流力を推定の上合計外力とし、任意の錨
及び錨鎖数により得られる把駐力と比較して錨泊の適否を判断できるよ
うにしたものが、図 9.7 に示す外力と把駐力計算シート (Excel 書類) で
ある。このシートにより、実際の流向推定が困難で荒天時には比較的影
10　響が小さくなる流圧力を除く外力を容易に推算できる。

(5) 航行による避航

　錨泊が適さないと判断される場合には、より良い錨地に転錨するか、
航行しながら荒天を避航するかを選択することになる。

　早い段階で判断できれば、低気圧から十分に距離を取って航行するこ
15　とができるので安全な航行が可能であるが、低気圧が接近してから避航
に移る場合には、その影響をかなり受けるので、避航の原則に則り十分
慎重に航行しなければならない (8.2 節参照)。

書籍に把駐力計算シートは添付
していません。

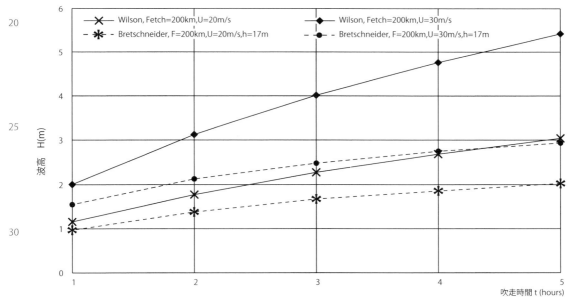

図9.3 波高推算値

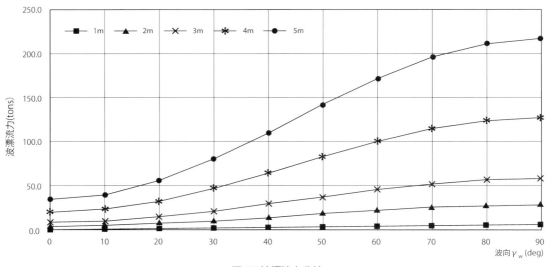

図 9.4 波漂流力曲線

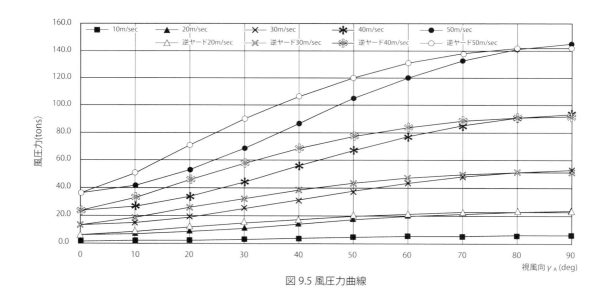

図 9.5 風圧力曲線

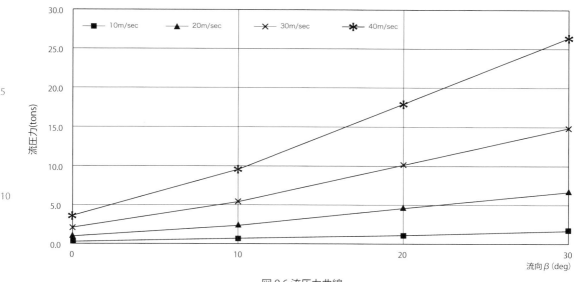

図 9.6 流圧力曲線

9.3 計算例

この荒天避難判断フローに従い、以下の条件下で計算を行った守錨基準例を示す。

(例1) 水深 15m の東京湾において、南東の強風が吹続した場合

(a) 風速 15m/sec、吹走距離 20km、吹続時間 2h のとき、推算波高 1.2m を把駐力計算シートに代入すると、外力の合計は 14.0ton (137.3kN) となり、単錨泊 5 節で把駐力は外力を十分上回る。

(b) 風速 20m/sec、吹走距離 20km、吹続時間 5h のとき、推算波高 1.8m を把駐力計算シートに代入すると、単錨泊 7 節で把駐力は外力を上回るが、外力の合計は 23.0ton (225.6kN) となり揚錨機の巻上げ能力 18ton (176.5kN) を上回るので、この状態で抜錨するためには主機と舵を用いて試みるしか方法はない。風速 25m/sec、波高 2m のとき、単錨泊の限界となるので、今後風速の増大が見込まれる場合は、早めに振れ止め錨の投入又は 2 錨泊への移行を検討すべきである。

(c) 風速 30m/sec、吹走距離 20km、吹続時間 7h のとき、推算波高 3.0m を把駐力計算シートに代入すると、2 錨泊各 9 節を使用した場合に把駐力は外力よりかろうじて大きくなる。しかし、この場合は、主機を用意し捨錨して避航することも視野に入れて、避泊を続けることとなる。

(例2) 水深 17m の富山湾において、北東の強風が吹続した場合

(a) 風速 15m/sec、吹走距離 200km、吹続時間 4h のとき、推算波高 =1.8m を把駐力計算シートに代入すると、外力の合計は 16.7ton (163.8kN) となり、単錨泊 5 節で把駐力は外力を十分上回るが、揚錨機

の能力限界 18ton (176.5kN) に近い。抜錨して避航する限界はこの時機となる。

　(b) 風速 20m/sec、吹走距離 200km、吹続時間 5h のとき、推算波高 3.0m を把駐力計算シートに代入すると、単錨泊では 9 節を使用しても把駐力は外力より小さくなるから、2 錨泊に移行する。主錨鎖 9 節、副錨鎖 3 節で対応可能。

　(c) 風速 30m/sec、吹走距離 200km、吹続時間 3h のとき、推算波高 4.0m を把駐力計算シートに代入すると、2 錨泊各 9 節を使用しても把駐力は外力より小さくなるから避泊は不可能であり、他の錨地に移動するか、避航することを決定しなければならない。抜錨が困難となる可能性があり、捨錨を考慮しておく必要がある。

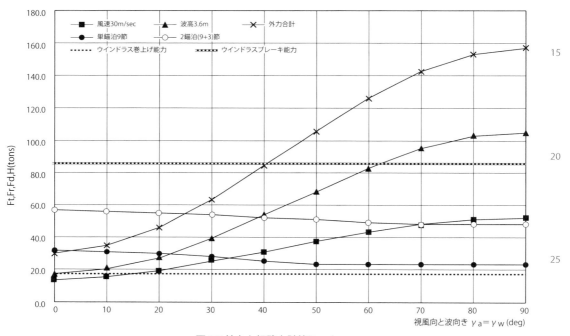

図 9.7 外力と把駐力計算シート

10 荒天遭遇例

初代及び現日本丸及び海王丸の避泊及び避航例を示す。

10.1 荒天避泊例

10.1.1 岸壁係留状態による台風避泊例 - 1989 年、内地接岸中 -

日本丸は 1989 年 10 月 16 日から 20 日の間、金沢港無量寺埠頭に接岸した状態で、台風 19 号 (KELLY) と遭遇した。このときの気象状況や環境条件、取られた対策について記す。

(1) 台風 19 号の気象状況

台風 19 号は 10 月 10 日 Mindanao 島東方海上に発生し、勢力を強めながら北上し、15 日には中心気圧 955mb(hPa)、最大風速 75kn に発達した。17 日未明、勢力を弱めながら室戸岬に上陸し、四国東部、近畿地方を縦断後、日本海を能登半島に沿って更に北上を続け、日本丸が停泊していた金沢には 17 日 0900 最接近した。台風 19 号の経路を図 10.1 に示す。

日本丸では、台風の接近に伴い 16 日午後から気圧が下降し始め、台風へ吹き込む NE ~ ENE の風が次第に強まった。舞鶴海上保安部から若狭湾及び日本海に対し、海上暴風警報が発令された。

台風情報、風向の急変、それまで全天を覆っていた積乱雲が途切れて青空が見えたことを考え合わせると、0900 台風は金沢地方上空を通過したことになる。

図10.1 台風19号の経路

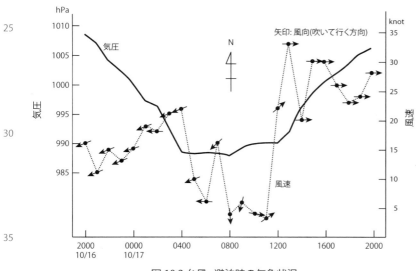

図 10.2 台風 . 避泊時の気象状況

本船では、1300 最大風速 33kn を記録した後、2200 まで 30kn 程

度の台風へ吹き込む西風が定吹した。図 10.2 には本船観測の風向、風
速及び気圧の変化を示す。

(2) 接岸避泊を決定した理由

接岸避泊を決定した理由は以下による。

(a) 情報を収集して検討した結果、台風 19 号は金沢地方に影響が出
始める頃には衰えると判断できた。

(b) 当地の水先人から、「当埠頭では台風の右半円に入ったときに強吹
する東風も、台風通過後に吹き出す西風も地形の特徴で強くならない。」
との助言が得られた。

(c) 当埠頭は充分に四方を遮蔽されているうえ、防波堤も長いので風
浪やうねりにさらされる恐れがなかった。

(d) 金沢市関係者等の全面的な協力により、タグボートの援助、錨の
搬出等、接岸避泊できる体制を整えやすかった。

(e) 付近に適当な避泊地がなく、台風を避航するには長い距離を航走
する必要があった。

(3) 日本丸の台風対策

表 10.1 に本船の行動及び台風対策措置を、図 10.3 には接岸略図を
示す。接岸避泊のため、本船がとった荒天対策措置は以下のとおりであ
る。

(a) 風圧力の増加及び波やうねりを考慮して、係留索を増やした。

(b) 係留索に働く荷重を分散させるように均等に張り合わせ、擦止め

表 10.1 日本丸の行動及び台風対策措置

月日	時刻	実施事項
10/15	1700	両津仮泊地発
10/16	0845	金沢着
	1200	水先人、タグ会社、市行事担当者、港務所員を交えて台風対策に関し協議の結果、接岸避泊することを決定
	2000	タグボートは常時待機状態
10/17	0630	係留索の増取り、張合わせ
	0900	船首錨、Kedge anchor の搬出
	1300	Port tack Sharp Up
10/18	0630	台風警戒態勢を解除

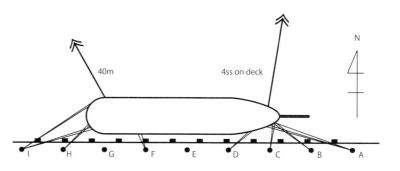

40m　　　　4ss on deck

N

I　H　G　F　E　D　C　B　A

図10.3 日本丸の停泊略図

を施した。

　(c) 舷側と岸壁の摩擦、損傷を防ぐために十分な防舷材を適所に配した。

　(d) 風圧力軽減のため、採水を行い喫水を増して風圧面積を減じた。風向の変化に伴い yard を操作した。

　(e) 船体運動抑止のため、船首錨及び船尾の kedge anchor を搬出し、常時タグボートを待機させた。

(4) まとめ

　本例は台風を無難に避泊できた例である。船内では、風向変化に伴う yard の旋回や出港の場合の機関準備等にしっかり人員を配置したことと、タグボートなどの外部支援体制を完備していて、接岸避泊に万全の準備がとられていたことを忘れてはならない。

　(『岸壁係留状態による台風避泊の一例』、乾真、航海訓練所調査研究雑報第 97 号参照)

10.1.2　日本丸走錨例 - 2004 年、内地仮泊中 -

　2004 年、日本丸は大阪湾で台風 6 号 (DIANMU) に遭遇し、走錨した。ここにその概要を記す。

(1) 大阪湾避泊の経緯

　6 月 21 日、台風 6 号が四国から近畿地方を横断し、各地に風と雨による被害をもたらした。

　台風 6 号は 13 日 Philippine 東方海上で発生し、その後 NW 方向に進み、19 日頃から進路を北寄りに変え、沖縄東方海上を北東進するとの進路予測であった。橘浦で実習訓練中の日本丸は以下を考慮し、強風とうねりを遮蔽することができる大阪湾南部の深日沖に避泊することとした。

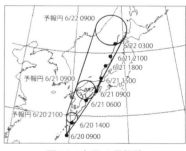

図 10.4 台風 6 号経路

- 台風にかなり接近すること
- 台風の右半円になり、南寄りの強風が想定されること
- 以降の実習訓練及び寄港予定

(2) 避泊状況と顛末

　日本丸は 20 日 0800 橘浦を抜錨し、同日 1110 水深 29m、底質砂の深日港西防波堤灯台から 325°, 5,400m に右舷錨・錨鎖 6 節を入れた。本船が避泊した頃、台風は沖縄東方海上を北東進しており、その影響は見られなかったが、周囲には多数の船舶が台風接近に備え錨泊していた。

　21 日 0000 風が SW から East に変わり台風の影響下に入ったことを実感した。

　0715 ENE, 5m/sec ではあったが、台風に備えて右舷錨鎖を 9 節まで伸出した。

　0830 主機暖機開始、操舵機始動、更に航海士及び操舵手 1 名による

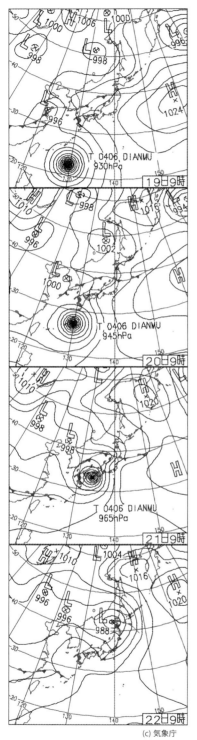

(c) 気象庁

図 10.5 台風 6 号地上解析図

守錨当直を開始した。その後 ENE の風は 0900 から徐々に強まり、10m/sec を超えるようになった。

1100 までは ENE,14 ~ 15m/sec で、本船の振れ回り角度は約 20°であった。

1130 ENE, 17m/sec であった風が急激に順転し、それまで低波高だったが 2 ~ 3m となった。

1200 過ぎには、SE, 20m/sec を超え、台風の接近とともに急速に強まり、1210 には SSE, 33m/sec に達した。

本船は風向の変化とともに、船首が回頭し風の吹いて来る方向に立っていたが、風速の増加と急激な風向の変化から、この変化に追いつくことができず、1215 頃から船首が風下に落ち出し、1227 には定常的に右舷 70°方向から風を受けるようになった。それと同時に船体は左舷に最大 20°まで傾斜した状態で典型的な走錨が始まった。

1230 には 50m/min (1.6kn) を超える速度で風下に移動した。

1227 主機を前進とし、舵と併せて立て直しを図った。更に 1232 左舷錨を投下、本船が風下に流される速度に合わせ、張力をかけながら 6 節まで伸出するとともに、主機を前後進種々に使用することにより走錨は止まった。この間に本船が流された距離は 355°方向に 1,100m であった。

1230 South, 40m/sec となり、その直後には最大瞬間風速 45m/sec を記録した。波高も最接近後は急激に発達し 4 ~ 5m にまで達した。また、気圧は台風の接近に伴い降下し続けたが、1230 に台風が最接近し最低気圧 976.2hPa を記録した後上昇に移った。

台風の中心はその経路から、正午過ぎに淡路島を通過し、本船の北西約 30km まで接近したものと思われる。

本船のような振れ回りの少ない船は、走錨しにくいと捉えていたが、風速 30m/sec を超える強風の場合、あるいは振れ回り周期が 10 分以下となる場合は要注意である。特に急激な風向の変化を伴う場合は、走錨の危険が十分にあると考えられる。振れ回りが小さくなったら、振れ回っている状態よりも倍以上の風圧力が加わると考えることが肝要である。

（『大阪湾における台風避泊について』、中村直哉・国枝佳明、航海訓練所諸報 第 12 号、2005 年 12 月参照）

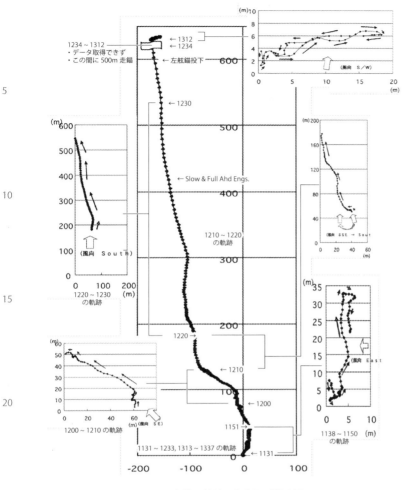

図 10.6 走錨の軌跡 (全体及び拡大図)

10.1.3 海王丸座礁例 - 2004 年、内地仮泊中 -

2004 年 10 月 20 日、富山湾に仮泊中の海王丸は台風 23 号 (TOKAGE) の猛烈な風と 6m を超える波浪により走錨し、漁港の防波堤に座礁するという大惨事を巻き起こした。ここにその概要を記す。

(1) 富山湾避泊の経緯

海王丸は 10 月 18 日に室蘭を出港し、21 日入港予定の新湊港へ向かった。13 日に Mariana 諸島近海で発生した台風 23 号の動静に注意しつつ、気象庁及び米国海軍による同台風の進路予報等の気象情報に基づいた富山湾仮泊の可否について、以下を予測し、その上で富山湾に錨を降ろして台風を凌ぐこととした。

- 同台風の左半円に入ること
- 暴風圏内に入る可能性があること

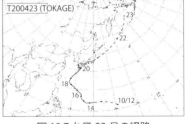

図 10.7 台風 23 号の経路

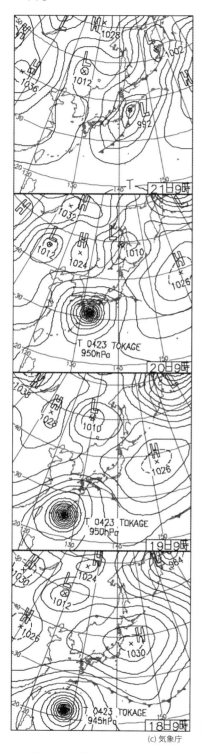

図 10.8 台風 23 号地上解析図

- 最強時の風向は NE になること
- 最強時の風速は 35m/sec 程度になる可能性があること
- 比較的短時間に風向が変化するであろうこと

(2) 避泊から座礁に至る経緯

　20 日朝富山港沖に至り、同日 0715 水深 17m、底質砂の富山東防波堤灯台から 038°, 1,900m に右舷錨・錨鎖 7 節を入れた。

　1000 七尾湾での台風避泊についての七尾水先区水先人の助言が伝えられたが以下の点を考慮し、富山港沖での避泊を続けることとした。

- 湾内は可航水域が狭く、既に小型船が台風避泊している可能性があること
- 仮に先船がいた場合、本船が反転する十分な水域が得られないこと
- 湾外水域には定置魚網があること

　正午から船橋で守錨直を開始したが、1430 NE の風が 15m/sec 以上に強まってきたので、右舷錨鎖を 9 節に伸ばすとともに、左舷錨を投下して 3 節まで伸ばし、振れ止め錨とした。

　1700 舵試運転を行い、機関を 5 分間待機にした。

　1900 風速が 30 ~ 35m/sec に達したので、船首の守錨直に一等航海士が立つようにしたが、暗闇の中 (日没は 1710)、強風と打ち上げる波の危険にさらされ、錨鎖の張り具合を確認できる状況にはなかった。船首が風位に立つように両舷機関の使用を開始した。

　1930 頃にはうねりが大きく発達し、船首が上下に大きく動揺するようになった。

　2000 船位の 100m 程風下への偏位が判明した。NE の風は更に強くなる傾向を見せたので、錨を上げて航行を始めようと左舷錨鎖を巻き始めたが、2 節となったところで揚錨機が過負荷による slipping clutch のスリップのためそれ以上巻き上げることができなくなった。

　そこで、右舷錨鎖 9 節、左舷錨鎖 2 節で凌ぐこととし、わずかに前進速力を得る程度に両舷機関を半速前進又は全速前進として船首振れ回りの抑制に努めていたが、うねりにより船首が上下に大きく動揺する際に、走錨が確認された。この頃、風速は 30 ~ 40m/sec に達していた。

　伏木海上保安部から本船の動静確認のための VHF による連絡が入ったので、船位及び機関を使用している旨、応答した。

　2100 NE 45m/sec(瞬間 60m/sec) となり、両舷機関を使用しても舵効が現れないうちに、防波堤までの距離は 4cable となった。

　2130 うねりの高さは 6m 程に達し、両舷機関を継続して全速前進としても舵効は現れず、うねりによるショックの度に船位は風下に落とされた。

　2230 触底と思われるようなショックと共に機関室内の海水流入が確認され、ほどなく両舷機関が停止した。再起動を試みたがだめであった。防波堤まで 150m 程となっていた。その直後、船内指令装置により「総員、救命胴衣を着用の上、第一教室に集合」を指示した。

　この指示後、機関長、一等機関士は機関室へ戻り、機側での再起動を試みたが能わず、浸水が著しいことを確認し現場を離れた。

　2247 岩瀬漁港 (通称) 北側防波堤に漂着座礁した。携帯電話により 118 通報で海上保安庁にこの旨を連絡した。

　2300 非常用発電機が停止し、2330 には非常照明が消えた。以後、乗組員が所持していた数少ないトーチランプの照明 (その後、救命胴衣灯が照明に利用された。) の下、暗闇の中で人命の危険を感じながらも全員が力を合わせ励まし合って耐え忍び、夜明けを待った。

　21 日 0850 から開始された海上保安庁の特殊救難隊、現地消防隊による命懸けの救助活動等により、1530 船長を最後に 167 名全員が救助された。

　18 名は救急車で病院へ搬送されたものの、軽症者も含めると負傷者は計 30 名に及んだ。

(『海王丸台風海難事故に関する報告書』、海王丸事故原因究明・再発防止委員会編、2005 年 9 月 30 日)

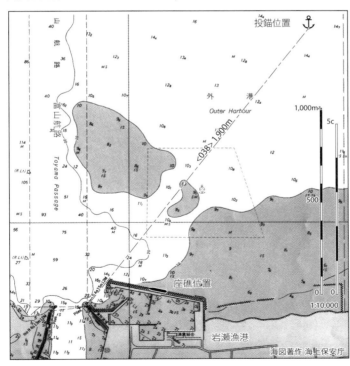

図 10.9 海王丸仮泊位置と座礁位置

10.2 荒天避航例

荒天遭遇例として、風力階級 8 以上の風力に遭遇した航海を記載した。

10.2.1 台風の中心に巻き込まれた例 - 初代海王丸、1940 年 -

昭和 15 年 8 月 29 日、初代海王丸は青島 (山東半島) を発し横浜に向かった。9 月 9 日夕刻種子島の東方 75 海里の洋上を帆走中、気圧の降下は著しく風力が増して、天候悪化の兆しを見せたので、各 mast の Lower Tops'l, Fores'l, Inner Jib 及び Jigger stays'l の 6 枚を残して畳帆し、左舷開きで Lying to を始めた。

翌 10 日 0600 風向は依然として NNE であったが、気圧は 745mmHg (993.2hPa) を示し、更に急激に降下し始めた。そのため、0800 総員をかけて縮帆し、Inner Jib, Fores'l 及び Main Lower Tops'l の計 3 枚だけを残し、風浪を左舷船尾に受けて、船首を SSE に向け、必要に応じて機関を使用しつつ台風の中心から離れようとした。ところが、気圧は更に降下し 737mmHg (982.6hPa) に達し、風波はますます強大となり、視界は全く閉ざされてしまった。1120 急に風が凪ぎ青空が現れ、台風の中心に入ったことが判明したので、この間に更に荒天準備を強化した。1550 になり南風が猛烈に吹き出し、気圧は 716.5mmHg(955.3hPa) まで下がったため、船首を NE に向け、風波を右舷船尾に受けて中心から脱出しようとしたところ、気圧が急激に上昇を始め、風力はたちまち 12 以上となった。展帆していた 3 枚の帆は一瞬のうちに吹き飛ばされ、船体は波浪の間に横たわった状態となり横揺れは左右合計 75°に達した。

気象通報によると、この台風は南方から NW に進行してきて NNE に転向して小笠原諸島に向かっていると伝えられたが、いつの間にか反転して西進してきていた。台風対策は自船の観測を基本に検討されなければならないことを教えた貴重な教訓である。後日調査したところによると、小笠原測候所の風速計は 60m/s で破損したと見られていることから、海王丸の遭遇した暴風はこれに劣らないものであったとみて差し支えない。風浪が最大になったときの状況は次のようであった。

(1) 風浪は波頭を吹き飛ばされ、海面は雪原のように白く、水平線はかき消されたものの、それほど巨大という印象を与えなかった。しかし波頭は Poop deck よりも高く 9m に近かった。

(2) Quarter deck には、雨としぶきが横殴りに吹きつけ、目を開けていることができなかった。顔をぬぐうと塩辛い水が目にしみた。

(3) 風上の bumpkin は波に叩かれ、brace の leading block がもぎとられ、fore と main の yard は独りでに風上に飛び出し、右舷一杯開きの形となった。

(4) この状態では主機を前進全速とし舵を左舷一杯に取っても舵効は少しも現れず、船体は風浪の間に横たえられ激しく横揺れを続けた。

(5) 5 号艇の rolling spar は風圧でへし折られ、5 号艇は boat fall に支えられて凧のように吹き上げられた。幸いにも真新しい直径 28mm の boat fall は最後まで持ちこたえた。

(6) 6 号艇は艇の底を波に叩かれて後部の boat fall が外れ、片吊りになった。艇は船体とぶつかり船体を破損させる恐れがあったので、前部の boat fall を切り艇を海中に遺棄した。

(7) 通常の強風で破られた帆は、拍動につれて糸がほどけ次第にまり状の糸玉を作るが、展帆中の帆はバーンという音響と共に一瞬に吹き飛ばされ、bolt rope (wire) だけが残った。

(8) 荒天準備の間に clew を sennit で縛り gasket を掛け直したり増し掛けをしておいた帆であっても、clew や gasket で直接押さえられていない露出部分は表面を吹きちぎられた。特に yard の上面に出ていた部分はきれいに吹き飛ばされ、満足な帆は一つも残らなかった。

(9) 強風時の登檣は身体が風圧で rigging に押し付けられ自由に動くことができなかった。

この経験は、台風の中心ではどのような事態か発生するかを教えるとともに、気象通報による台風の進路を過信することの危険を教えている。

台風予報は大局的には正しいとしても、進路、速力は時々刻々変化し局地的には誤差があることを忘れてはならない。現場では数海里の誤差も可航半円と危険半円とを反対に置き換えることになるから、わずかな誤差でも事態が逆転し、活路を求めようとして、かえって死地に突入する結果となることもある。

10.2.2 総帆逆帆となった例 - 日本丸、1999 年度冬期航海 -

出航間もない 1 月 15 日から 16 日にかけて、日本丸は低気圧に追いつかれ総帆逆帆の事態となった。

地上天気図 (15 日 0954SAT、図 10.10) によれば、四国沖には低気圧 (1012hPa) が発達しながら 30kn の速力で東進しており、翌朝 (16 日) には本船を直撃することが予想された。荒天に備え、日没までに Mains'l と X'jack を、縦帆は heads'l 2 枚及び各 mast 下列の stays'l 1 枚、Lower Spanker のみを残し、他の縦帆総てを畳んだ。2000 過ぎ風が SSE まで逆転したため、Port tack 2pt から Starboard tack sharp up とした。

15 日夜半から 16 日未明にかけて、気圧は著しく下降し始め、低気圧の接近を示した。未明に風向は East まで逆転したため、0-4 直で Wearing を行い Port tack sharp up とした。この頃から、風は降水と共に風力 8 まで一気に強まった。

　0500 頃、バケツをひっくり返したような激しい雨の中、突然風が無くなったかと思うと今度は右前から South 8 の風が吹き始め、総帆逆帆となった。直ちに舵を風下にとり、Spanker を絞るとともに、Fore mast から yard を Square に引き入れる作業にかかった。当直者以外に甲板上の状況を知り飛び起きた甲板部員も作業に加わった。一旦は後進行脚にまでなったものの、main yards を引き入れた頃やっと舵効が現れ船首は風下に落ち、この危機を乗りきることができた。夜明けとともに雨はあがり、帆等の被害状況を確認したが異常は見られなかった。

　正午過ぎ、風力 8 と依然強いまま風向が NNW まで順転したので、tack を変え Port tack 3pts として針路 100°に定針した。

　低気圧通過後の複雑なうねりのため本船は左右に約 37°の横揺れを繰り返し、出航後初めて甲板上に life line を展張した。

（日本丸 1999 年度冬期遠洋航海報告参照）

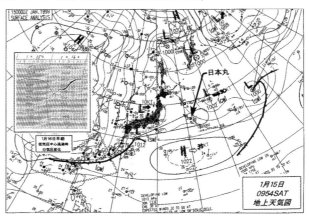

図 10.10 総帆逆帆となった例

10.2.3　連続して低気圧に遭遇した例 - 海王丸、2002 年度冬期航海 -

　2003 年、海王丸は本邦から Honolulu への航海中、連続して低気圧に遭遇した。全航程の半分を 1 週間で航行し、海王丸が 1995 年に打ち立てた Boston Teapot Trophy 記録 (1,394mile) を更新 (1,409mile) するという金字塔を打ち立てたが、sheet を係止していた belaying pin が handrail もろとも吹き飛ぶなど、熟練の乗組員にあっても恐怖を感じるほどの強風の連続であった。

　1 月 14 日 0300 気圧は徐々に下がり始め、風向は SSW に落ち着いたため、Starboard tack 3pts yards、総帆展帆とし、針路を 090°とした。0700 風向が South となったため Sharp Up とした。1300 次第に風力が強まり左舷への傾斜が大きくなったため、再度 life line を展張した。

　地上天気図 (14 日 1609SAT、図 10.11) によると、本船の東方に位置

Boston Teapot Trophy

15 歳から 25 歳までの訓練中の青少年が乗組員総数の 50% 以上の練習帆船で、124 時間 (5 日と 4 時間) に記録した大圏距離を競う。

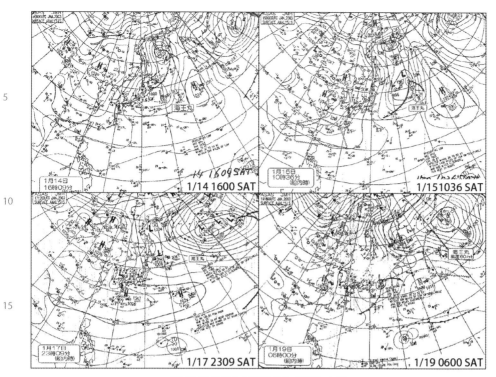

1/14 1600 SAT

1/15 1036 SAT

1/17 2309 SAT

1/19 0600 SAT

図 10.11 連続して低気圧に遭遇した例

する高気圧の縁では、35kn の強風が予想された。1800 Royal を畳帆し、20-MN 直にて Royal stays'ls 及び Topgallant stays'ls を畳帆した。南寄りの風により気温は 14℃まで上昇した。

　15 日、すさまじい一日が始まった。気圧の下降に伴い風は強まり、0300 には S/E 7 となり対地船速は 15kn をしばしば超え、4-8 直での航走距離は 58mile を記録した。天気図によると、本船は東に位置する高気圧と西から追って来る低気圧に挟まれているため、等圧線の間隔が狭まり更に風力が強まることが予想された。

　左舷への船体傾斜は 25°を超え、最大で 40°付近まで達した。左舷居住区は上甲板まで舷窓が水没する状態となり、甲板上では傾斜のため時折 water way まで水に浸かった。この傾斜により調理作業が困難となり、朝食はおにぎりとなった。大きなうねりを右舷船首から受けると船体は身震いするように震えた。

　1100 次第に全天を乱層雲が覆い、雨も降り始め西方に位置する低気圧から伸びる温暖前線の雨域に入った。この低気圧に吹き込む強風を受け、昨 14 日正午からの航走距離は 291mile、平均速力は 12.36kn となって機走時と変わらぬ速力を示した。

　1400 頃には雨も上がり晴れ間も広がり始めたが気圧は更に下降を続

け、発達しながら 30kn で NNE に進む低気圧から弓状に伸びる寒冷前線が本船に迫っていた。

16 日 0100 頃から風は順転して WSW 5 となったため、yard を引き込み Square yards とした。気圧は相変わらず下降し続け、夜明け頃西方の水平線付近には帯状に拡がる降水域をはっきりと視認できた。Spanker を絞り stays'l の sheet を取り替えるなどして前線通過に伴う風向の変化に備えた。

0800 頃、強烈なしゅう雨を伴った寒冷前線が本船上空を通過し、風向は NNW に順転するとともに風力 8 に達し、船速は 16kn に達した。気圧は一転して急上昇を示し North 寄りの風に安定するのを見極めて、Port tack 3pts yards とし Spanker を展帆した。

1245 風力 9(45kn) の突風を受け、Mizzen mast の stays'l の sheet 3 本を係止している右舷側 handrail が支柱溶接部から折損倒壊した。直ちに撤去するとともに、Jib を除く総ての stays'ls を畳帆した。

1600 風力が増大した。突風により船首が急速に風上に切り上がっても直に対応できるよう船橋操舵とした。人力操舵の限界であった。

1800 頃 18.1kn の船速を記録した。頻繁にしゅう雨に見舞われるようになり、突風が吹き荒れ真っ白になった海面に視界は制限され、直径 3mm のあられが甲板を叩きつけるように降り続けた。2130 には WNW 11(58kn) となり 20.7kn の船速を記録した。うねりの発達に伴い船体動揺が激しくなり、眠れぬ一夜となった。

17 日、突風の度にものすごい量のあられが甲板に叩きつけた。NW 方向からのうねりの波高は 10m を超え、頻繁に甲板を波が洗い甲板上は危険な状態となった。傾斜を少なくするように Port tack 3pts yards とし、常に Quarter wind を受けて航走した。

昨 16 日の前線通過以来、風力 7 ~ 9 の強風を受けて航走した結果、昨 16 日正午から本日正午までの帆走距離は 310mile となり、平均速力 13.08kn を記録した。また、横浜から Honolulu までの全行程の半分を出航後 1 週間で走破した。

18 日、風向が W/N に安定してきたので、0700 Port tack square yards まで引き込んだ。うねりは一向に衰える気配は無く、船体がうねりに持ち上げられる度に両舷へ大きな動揺を繰り返した。

2102 36-18N にて日付変更線を通過した。横浜出航以来、8 日 4 時間 31 分での西経入りとなり、これまで平成元年度に達成した最速記録 (8 日 17 時間 15 分) を約 12 時間短縮する結果となった。

18 日 (R)、北太平洋のほぼ全域に勢力を広げた低気圧は 966hPa にまで発達し、強い北西風のため中部北太平洋全域が波高 10m の大時化となっていた。0300 針路を 100°、正午からは 115° として総帆で南下を

開始した。

　天気図から 1,000mile 西方にある低気圧 (980hPa) が翌朝本船の北 300mile に近づくことが明白となったため、12-16 直で Royal、16-20 直で Upper Topgallants'l を畳帆し Starboard tack square yards とした。低気圧の急速な接近を示すように、気圧は下降し続けた。

　19 日 0230 低気圧の接近により相対風速 50kn の暴風が吹き荒れ、満月に照らされた海面は強烈な風のため、波頭が吹き飛ばされ真っ白い筋に覆われた。

　後方からの烈風により船速は 20kn を超え、最大瞬間速力は 24.3kn に達した。常に 10°以上の舵角を取らなければならず、人力操舵 (操舵手と実習生 5 名) での保針は困難となったため、Starboard tack 2pts yards まで開いた後、2 度目の船橋操舵に切り替えた。その切替えに要する間、船体は激しい勢いで右回頭して風上に切り上がり、同時に打ち上げてきた白い波により中部甲板全面が見えなくなり、船尾に立っていた当直者も頭から波を被った。

　0-4 直の航走距離は 57miles、4-8 直では 58miles となった。台風並に発達した低気圧中心の南に位置する本船の気圧は 988.3hPa まで下がった。

　1400 Square yards とし、船体動揺を考慮して針路を 125°とした。

（海王丸 2002 年度冬期遠洋航海報告参照）

10.2.4　気圧降下が激しい低気圧の例 - 日本丸、2003 年度夏期航海 -

　6 月 21 日、風は風力 6 まで強くなったものの、風向が安定せず NE から順転し、正午には South となった。風向の変化に合わせて、Port tack sharp up yards から Square yards まで引き込んだ。強く冷たいしゅう雨が幾度となく本船に来襲し、当直者を苦しめた。

　気圧計は 1 日半で 20hPa も降下し、本船上空を通過中の低気圧の発達振りを如実に表した。

　8-12 直において、気圧は一気に 10hPa 降下した。正午過ぎ、晴れ間が現れるとともに一時 Calm となった。海面は一面三角波で覆われ、あたかも台風の目の中にいるかような状況となった。12-16 直で North 寄りの風の兆候が見られたので、再び Port tack sharp up yards とした。NW の風が吹き始め瞬く間に風力 6 まで吹き上がった。その後も風は強まり、16-20 直を終える頃には風力 10 まで増大し、船速は 15kn を上回った。甲板上に life line を展張するとともに、安全のため当直者以外の暴露甲板への出入を禁止した。

　22 日 0400 頃に風速は最大となり、風力 11(54kn) を記録し、船体は瞬間 40°まで傾斜した。早朝には風力 7 まで弱くなったが、それで

も帆を半数以下まで減帆した本船を 10kn の速力で力強く前進させた。

　低気圧の通過に伴うこの風により Main Upper Tops'l に 3 か所裂け目が生じ、畳帆していた Main Royal には強風が入って拍動し foot 付近が損傷した。また、甲板上では過大な傾斜により、甲板流し用の砂を入れた道具箱が移動して、Suez light の接続箱が押し潰されるなど、暴風は各所にその爪痕を残した。

　(日本丸 2003 年度夏期遠洋航海報告参照)

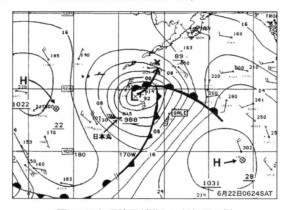

図 10.12 気圧降下が激しい低気圧の例

11 帆装艤装の保存手入れ

11.1 Mast, Yard 及び各 Gear の点検・手入れ

11.1.1 点検の組織及びその実施

帆装索具は極めて膨大な数量と種類にわたり、これらの点検及び補修にはかなりの時間を要する。この作業を怠ることは、単に物的損害ばかりでなく、帆走性能の低下はもちろん、運航そのものを危険に陥れ、やがては人的事故を引き起こすことになる。

したがって、安全性の向上を図るためには、綿密な計画を立て、それに基づいた定期的かつ確実な点検・手入れを実施し、しっかりした組織が必要となる。船舶は極く限られた人数が乗り組んで移動する組織体であり、帆船における点検・手入れのための組織は、陸上の組織体における類似目的の組織とは異なる。両帆船での点検・手入れは、従来より各 mast 配置ごとに実施されてきた。この配置を踏まえ、図 11.1 及び図 11.2 に例を示す組織を作ることにより、有効な整備が実施できる。

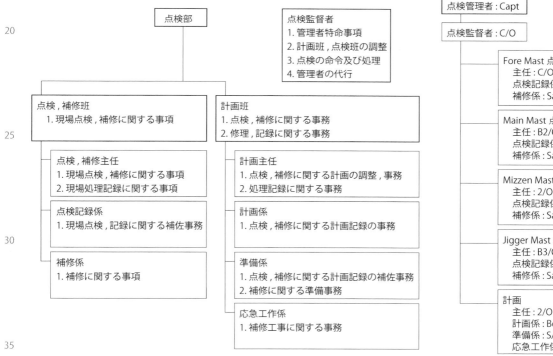

図 11.1 点検組織図　　　　　　図 11.2 職員組織例

11.1.2　点検の要点

帆装関係の点検は次の 4 項目に分類して実施することが望ましい。

(a) ratline, foot rope 及び back rope 等、作業員が直接踏んだり触れたりする索具

(b) 帆及び付属の索具等

(c) mast, yard, boom, Bowsprit, bumpkin 及び付属の金物類

(d) 静索

点検時、注目すべき点は次のとおりである。

- rope の損耗、serving の損傷、wire の錆、各索の結止状況等
- 帆の摩耗及び取付け状況、gear の損耗及び結止状況、wire の錆、block の動き等
- mast 等の塗装状態と錆、可動部分の注油と摩耗等
- 静索の緩み、serving の損傷、錆等 (特に煙突直上の静索は、排煙による悪影響を考慮する必要がある。)

11.1.3　点検時期

点検時期は次のように分類できる。補修・手入れ箇所を早期に発見し、できる限り早い時期に修理して事故を無くす努力を継続することが重要である。

(1) 定期点検

帆装 gear の種類別にその損耗等に注目し、あるいは安全に関する方策等を考慮し、一定の間隔を置いて定期的に行う点検方法である。一般的な整備作業と組み合わせて実施することが可能であり、その結果、比較的多くの要整備箇所が見出される。実施頻度の上からも最も重要度の高い点検である。

(2) 随時点検

総員が一斉に点検する方法である。多数の者がそれぞれ異なった視点で点検することにより、周期点検では目の及ばない範囲と場所において要整備箇所を見出すことができる。場合によっては、1 本の mast に集中して、あるいは安全に関する方策に的を絞って実施することができる。

(3) 入渠時点検

周期点検及び随時点検では点検し難い箇所に重点を置いて実施する方法が入渠時点検である。これにより、帆装の基本的な安全度を知ることができる。

11.2 具体的な整備

11.2.1 Mast, Yard の拭取り

　環境によって mast や yard が汚れ美観を損ねる。特に Mizzen mast は煙突からの排煙によって汚れやすいから、mast 及び yard の汚れを周期的に拭き取る必要がある。後述する mast, yard 塗装の前にも拭取り作業を行う。

11.2.2 Mast, Yard の塗装

　Unbending sail 後に実施する mast, yard の総塗装は通常年 1 回冬期に行う。実習生にとっては高所作業の締めくくりとなる。

11.2.3 静索の Black down (Tarring)

　前述の mast, yard 塗装と同様、静索の Black down は unbending sail 後に実施し、通常年 1 回夏期に行う。この作業は、mast を支える stay, backstay 及び shroud 類の防蝕のためのものであるが、実習生にとっては、mast, yard 塗装と同様に高所作業の仕上げとなる。

　なお、静索の Black down と併せ、鋼製動索の Tarring を実施する場合もある。

11.2.4 高所作業の安全対策

　これらの作業は操帆作業などとは異なり、Boatswain chair を使用しての高所作業となる。Boatswain chair による作業は、それを吊り下げる吊り索 1 本に全体重を掛ける訳であるから、十分な安全確認を行い落下事故等を未然に防ぐ必要がある。

　使用器具については以下を中心に点検する。

- 吊り索は基準年数以内のものか。傷、折れ曲がり、損耗、腐食、油や塗料の多量付着はないか。
- Boatswain chair に傷、損耗、腐食はないか。
- 安全索に傷、折れ曲がり、損耗、腐食、油や塗料の多量付着はないか。
- 吊り索及び安全索の取付は確実か。また、長さは十分か。

また、実施時の操船には 以下の点を注意する。

- 視風向・視風速は適当か (Quarter wind が良い)。
- 動揺の少ない針路としているか。
- 主機からの排気ガスの影響を受けないか。
- 汽笛、Radar、無線電信の使用を中止しているか。
- できる限り降水を避ける。

11.3　実施要領

11.3.1　Mast, Yard 拭取り実施要領例

(1) 実施要領

　(a) 準備作業

- ボースンチェア取扱い説明：甲板部教官説明指導
- 使用器具点検、ボースンチェア取付け：甲板部

　(b) 用具

- ハンドブラシ
- スナップ (ぼろタオルでも良い)
- 洗剤 (Mizzen mast には原液使用)
- タップ、ヒービングライン

　(c) 配員

- 各ヤードの各舷に 3~7 名を適宜振り分ける。
- マストについてはトップ以下にボースンチェアを 4 台取り付け、他はシュラウドに適当な間隔で配員する。

　(d) 実施方法

- 汚れのひどいときは、まずハンドブラシと洗剤を使って汚れを落とす。
- このときタップに洗剤を入れ、スナップやタオルによくしみこませてヤードに塗ると良い。
- その後スナップやタオルで拭き取る。甲板上でスナップやタオルを水洗いした後、タップに入れ、フラッグライン等でヤード上に送る。

(2) 注意事項

- 体のコンディションを十分に整え、特に作業日前日は十分な睡眠をとる。
- 作業指揮は原則として mast officer が行う。
- 高所作業における基本事項を忠実に守り、安全第一に作業を実施する。「片手は船のため、片手はおのがため」。

11.3.2　Mast, Yard 総塗装実施要領例

(1) 配員

- 実習生の人員配置は配置表による。
- 甲板部は主としてヤードの塗装を担当する。

(2) 実施要領

　(a) 数日前

- 塗装要領説明：二航士
- ボースンチェア取扱い及び刷毛取扱い実習：甲板部教官説明指導

図 11.3 マスト塗装

- 使用器具点検：甲板部
- (b) 前日
- マスト、ヤード塗装準備作業
- カバー掛け養生
- ボースンチェア取付け：甲板部
- (c) 実施当日

《朝別科》

- 塗装準備、養生手直し

《午前、午後》

- マスト、ヤード、バウスプリット、ブーム等塗装
- (d) 翌日

《朝別科》

- 養生一部取外し

《午前》

- 前日の残り部分塗装
- ヤーダーム等白ペン塗装 (甲板部)

《午後》

- カバー外し、使用用具手入れ及び収納

(2) 注意事項

- (a) 体調を十分に整え、特に作業日前日は十分な睡眠をとる。
- (b) 作業指揮は原則として mast officer が行う。
- (c) 高所作業における基本事項を忠実に守り、安全第一に作業を実施する。「片手は船のため、片手はおのがため」。
- (d) 塗装作業に使用する汚れ作業服は別途貸与する。

11.3.3　静索 Black Down 実施要領例

(1) 配員

- 実習生：backstay, capstay, shroud, horse
- 甲板部：fore and aft stay, lift, peak span, topping lift

(2) 実施要領

- (a) ブラックダウン当日までの作業予定
- VTR による作業概要説明及び配置決め
- ブラックダウン説明
- 保護具（墜落制止用器具等）、索（ランヤード、子綱等）の養生
- 使用器具点検
- (b) ブラックダウン前日の作業予定
- ボースンチェア取付け

- カバー掛け
- ボースンチェア、マンロープ取扱い実習
- 汚れ作業衣搬出

(c) ブラックダウン当日の作業予定

《朝別科》

- ター、シンナー、ウエス、ター缶等準備
- カバー手直し
- 朝食後身支度

《午前》

- ター塗装者はワセリンを皮膚の露出部に塗布し、保護眼鏡を装着して作業にかかる。
- 甲板流し方、シンナー拭き(昼休みも続行)

《午後》

- シンナー拭き
- カバー類一部取外し
- 用具乾燥、収納、手仕舞い

(2) 作業要領

(a) ステイ関係

- ボースンチェアに乗り移るときには索が確実にビレイされていることを確認する。
- ボースンチェアの使用には十分注意し、登檣時及び乗移りの際にはター缶を落下させない。
- 裏側になる部分の塗残しをなくす。

(b) シュラウド関係

- 登檣時、ター缶を落下させない。塗布の際には、ラットライン等に掛けておく。
- マスト沿いの動索及びラットラインには塗布しない。

(c) バウスプリット関係

- ガイ、ジブネットホースを中心に塗布する。
- ジブネット、フートロープには塗布しない。
- フィギュアヘッドを汚さないように気を付ける。

(d) 甲板作業員

- マンロープの伸ばし方：甲板部員の手先信号に注意し、不意のスラックは厳に行わない。
- シンナー拭き：ハウス、マストにターが付いたらすぐシンナーで拭く。

(e) 塗布要領

- 風上に位置し、眼より下の位置で塗布する。

- ター缶の中でターをウエスにたっぷり染みこませ、しずくを落とさない程度に良く絞り、塗り込むように塗布する。
- しずくを極力落とさないこと。

「染みこませ、しずく落とさず、塗り込めよ!」

(3) 注意事項

- 体調を十分に整えておく。
- マンロープ伸ばし方の実習生と甲板部員は、手先信号の確認等の打合せを事前に行う。
- 甲板部は、実習生がボースンチェアに乗り移るまで補佐し、確認する。
- 高所作業における基本事項を忠実に守り、安全第一に作業を実施する。「片手は船のため、片手はおのがため」
- 天候、その他の都合により変更することがある。

図 11.4 Black down の装備

12 付図

12.1 一般配置図

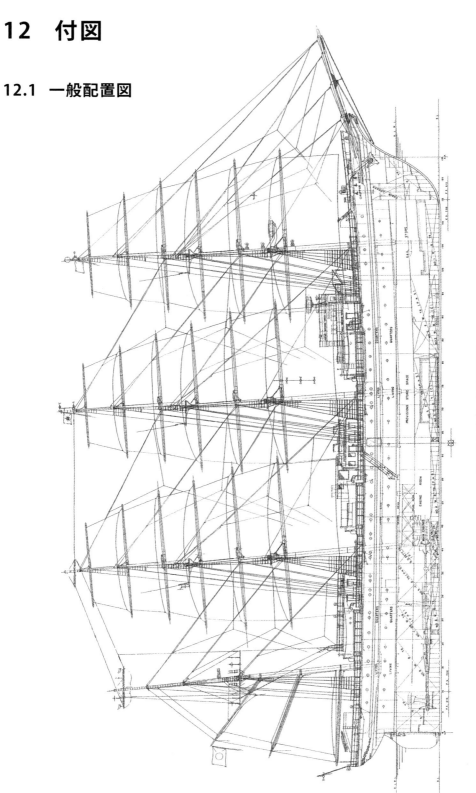

図 12.1 日本丸一般配置図 (1)

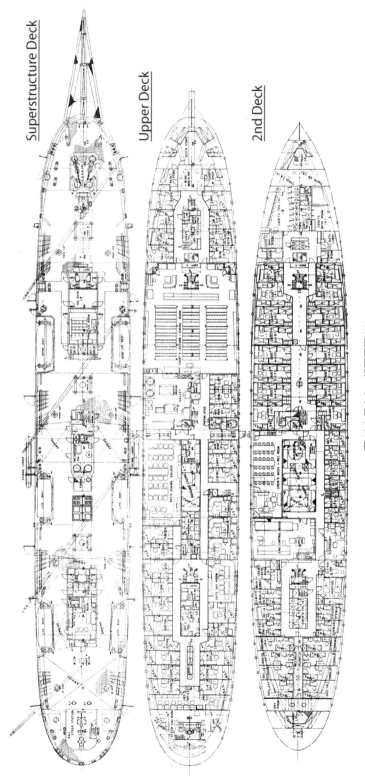

図 12.2 日本丸一般配置図 (2)

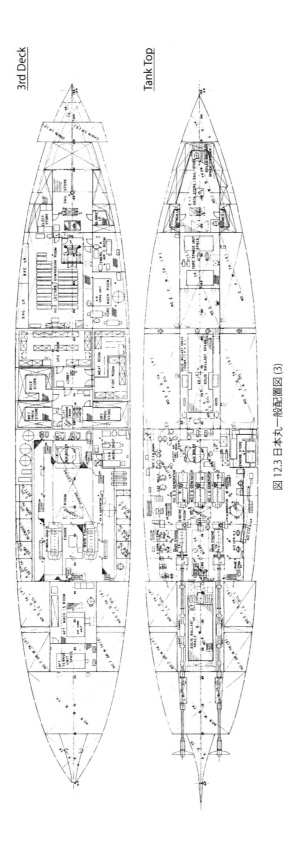

図12.3 日本丸一般配置図 (3)

12.2　静索 (Standing Riggings)

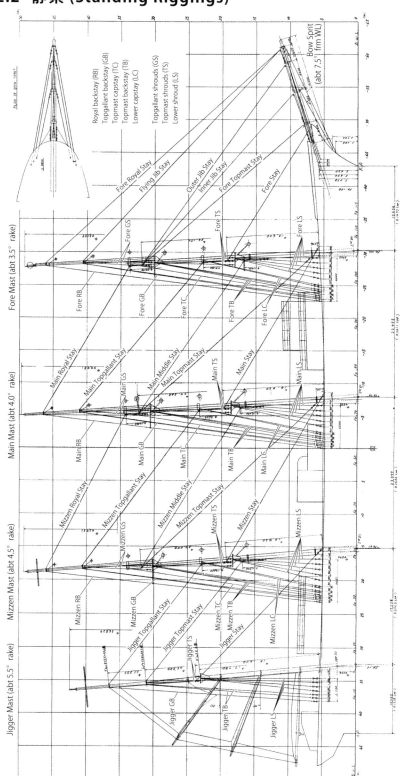

図 12.4 日本丸静索図

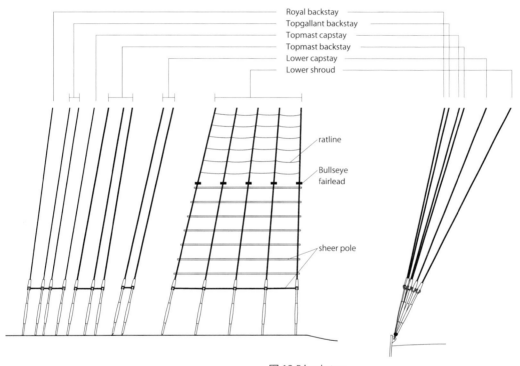

Royal backstay
Topgallant backstay
Topmast capstay
Topmast backstay
Lower capstay
Lower shroud

ratline

Bullseye
fairlead

sheer pole

図 12.5 backstay

12.3 Mast

12.3.1 Mast

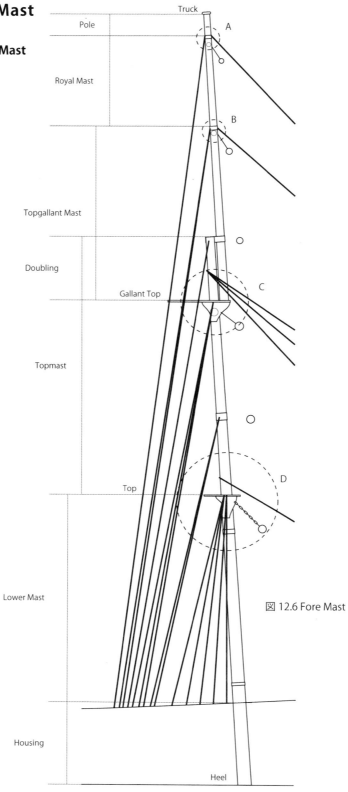

Truck
Pole
A
Royal Mast
B
Topgallant Mast
Doubling
Gallant Top
C
Topmast
Top
D
Lower Mast
図 12.6 Fore Mast
Housing
Heel

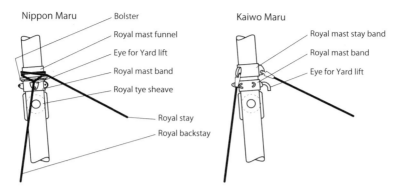

図 12.7 Fore Mast - Section A

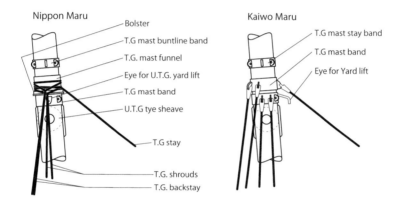

図 12.8 Fore Mast - Section B

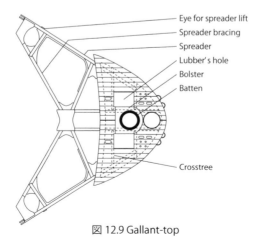

図 12.9 Gallant-top

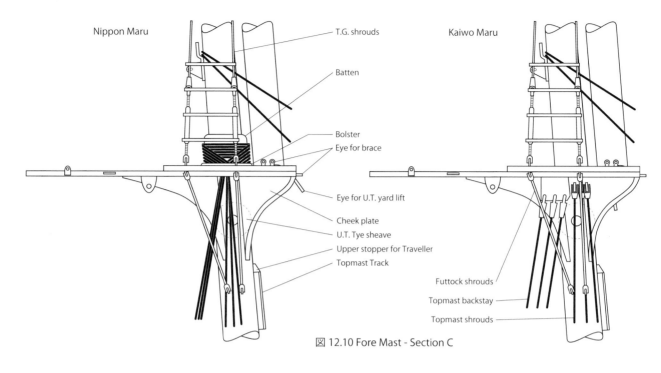

Nippon Maru

Kaiwo Maru

- T.G. shrouds
- Batten
- Bolster
- Eye for brace
- Eye for U.T. yard lift
- Cheek plate
- U.T. Tye sheave
- Upper stopper for Traveller
- Topmast Track

- Futtock shrouds
- Topmast backstay
- Topmast shrouds

図 12.10 Fore Mast - Section C

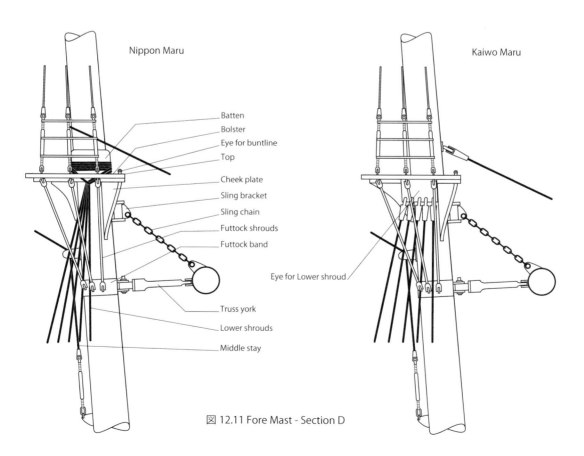

Nippon Maru

Kaiwo Maru

- Batten
- Bolster
- Eye for buntline
- Top
- Cheek plate
- Sling bracket
- Sling chain
- Futtock shrouds
- Futtock band

- Eye for Lower shroud

- Truss york
- Lower shrouds
- Middle stay

図 12.11 Fore Mast - Section D

12.3.2 Bowsprit

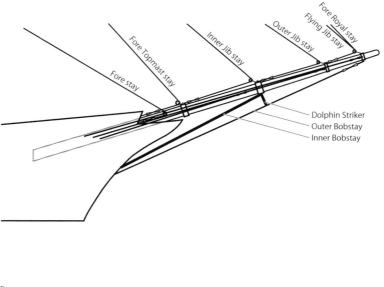

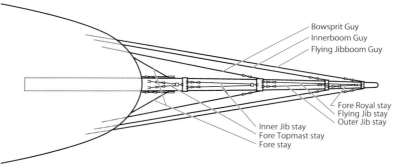

図 12.12 Bowsprit

12.4 Yards, Boom and Gaffs

12.4.1 Yards

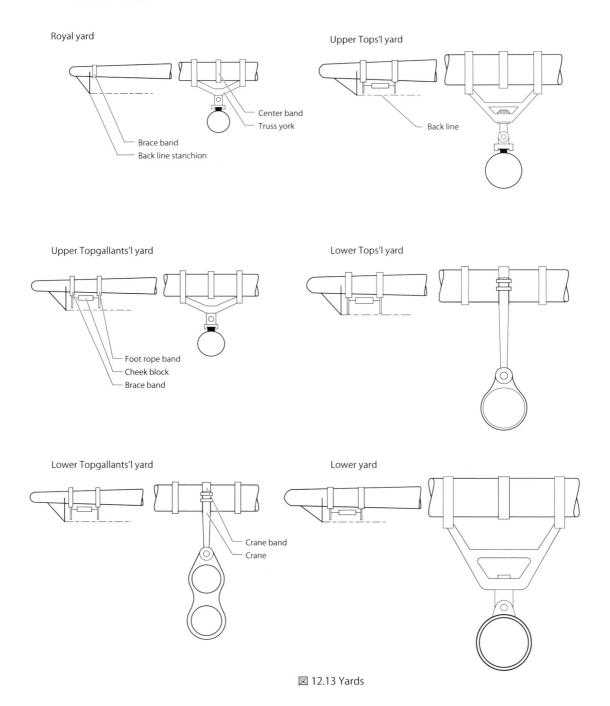

図 12.13 Yards

12.4.2   Spanker boom and Gaffs

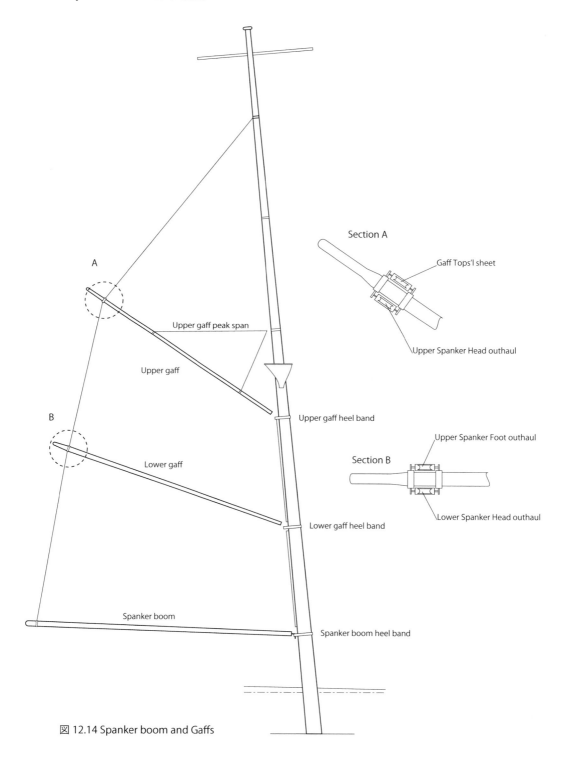

図 12.14 Spanker boom and Gaffs

12.5 Belaying pins

12.5.1　Fore Mast Fife rail and Pin rail

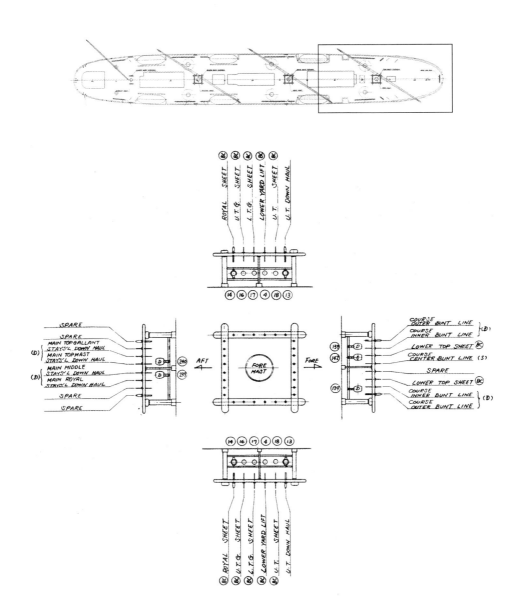

図 12.15 Fore Mast Fife rail

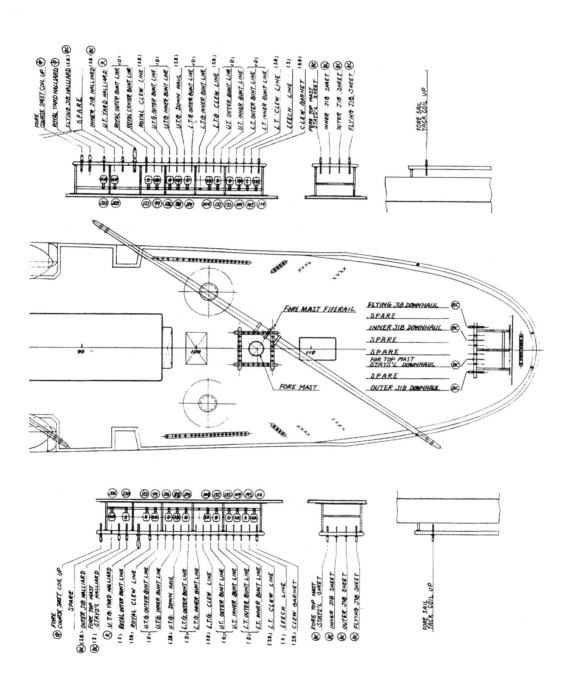

図 12.16 Fore Mast Pin rail

12.5.2 Main Mast Fife rail and Pin rail

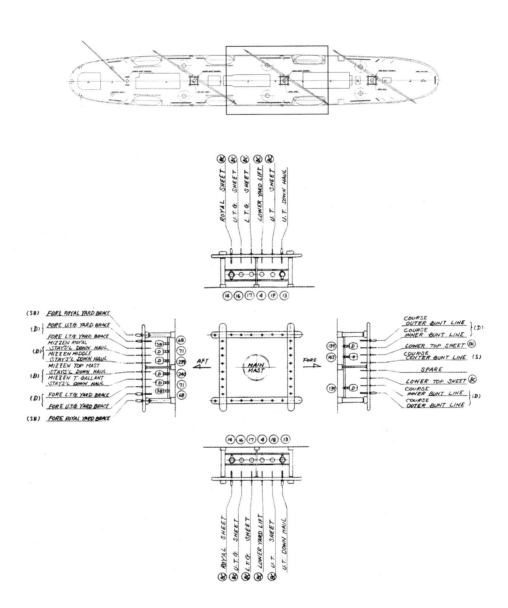

図 12.17 Main Mast Fife rail

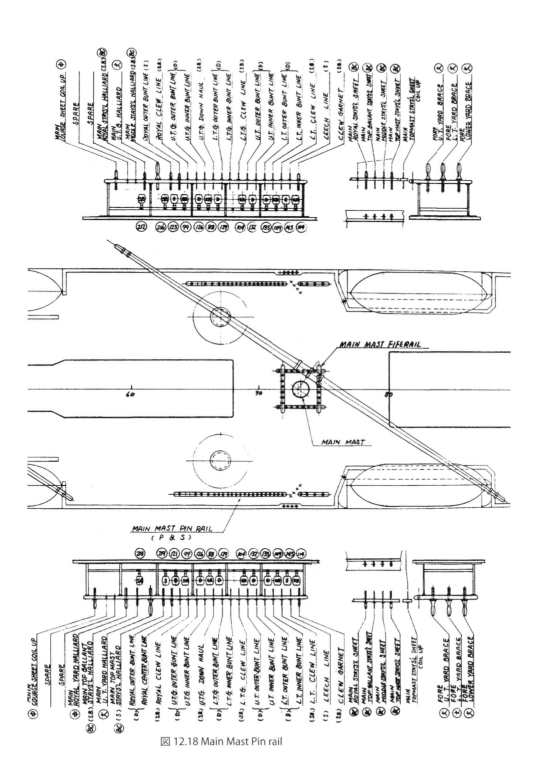

図 12.18 Main Mast Pin rail

12.5.3　Mizzen Mast Fife rail and Pin rail

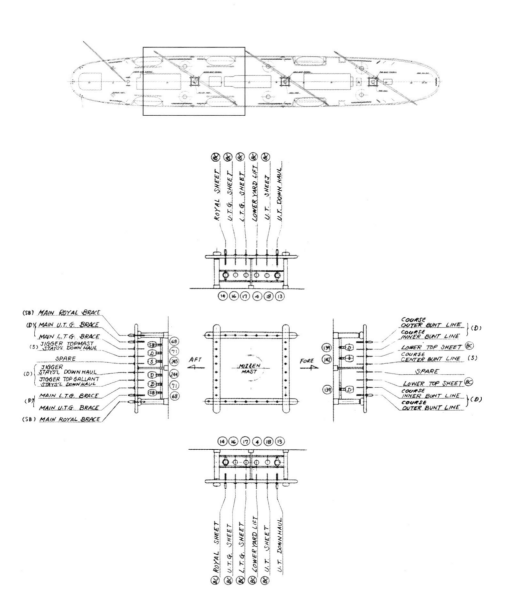

図 12.19 Mizzen Mast Fife rail

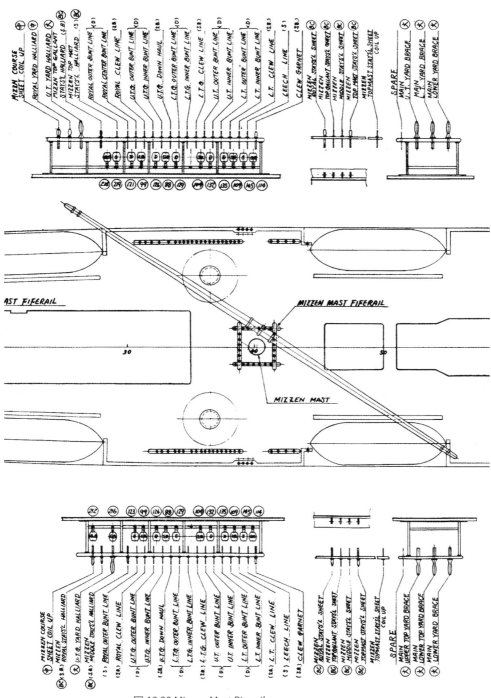

図 12.20 Mizzen Mast Pin rail

12.5.4　Jigger Mast Fife rail and Pin rail

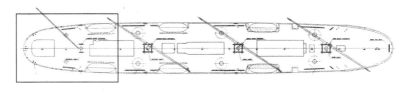

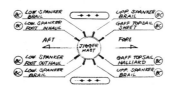

図 12.21 Jigger Mast Fife rail

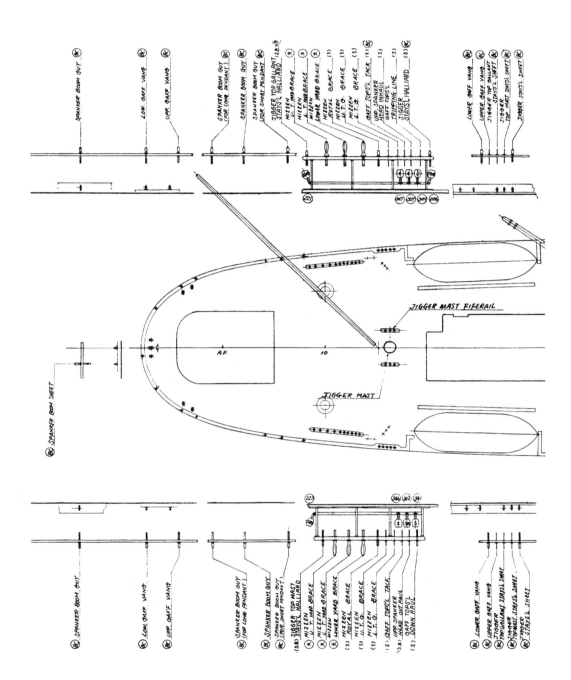

図 12.22 Jigger Mast Pin rail

12.6 Deck Links

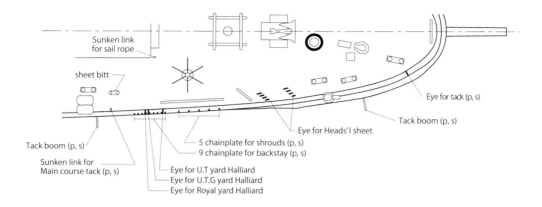

図 12.23 Deck Links (fore part)

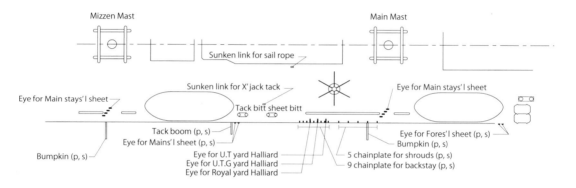

図 12.24 Deck Links (middle part)

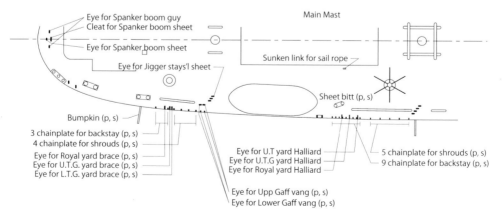

図 12.25 Deck Links (aft part)

12.7 Sailing Performance

12.7.1 Tacking

例	種類	実施日	海域	風	うねり	進入針路 速力	風上進出 - 風下圧流 = Gg	tack
1	Tacking	1986.8.7	29N, 152W	073, 13kn	NE, 2.0m, 8s	351, 7.8kn	120 - 425 = - 305	S to P
2	Tacking	1987.2.20	18N, 164W	024, 13kn	NNE, 2.2m, 10s	306, 5.0kn	130 - 305 = -175	S to P
3	Tacking	1987.2.20	18N, 164W	019, 14kn	NNE, 2.2m, 10s	096, 4.5kn	105 - 240 = -135	P to S
4	Tacking	1987.8.4	20N, 166W	071, 12kn	NE, 1.7m, 7s	- , 4.5kn	115 - 350 = -235	P to S
5	Miss. stay	1987.2.20	18N, 164W	024, 12kn	NNE, 2.2m, 10s	304, 5.0kn	-	S to S

風上進出：Tacking 開始地点から前進行脚を失うまでの風上への進出量 (m)
風下圧流：前進行脚を失った地点から Tacking 終了までの風下への圧流量 (m)
Gg : Ground Gain to windward　　　　　実施員数：約 80 名

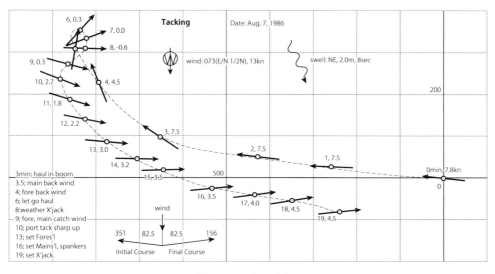

図 12.26 Tacking 例 1

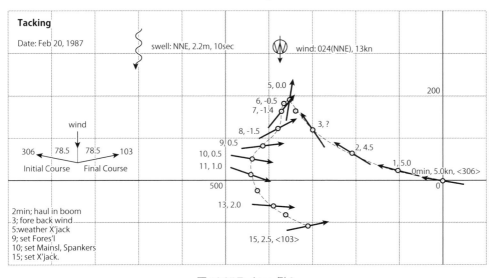

図 12.27 Tacking 例 2

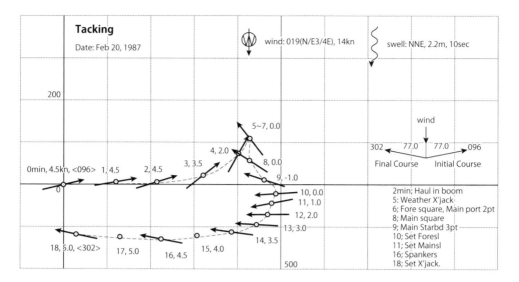

図 12.28 Tacking 例 3

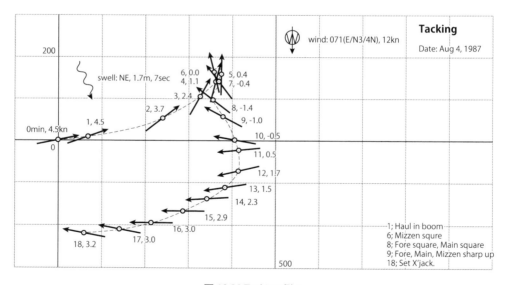

図 12.29 Tacking 例 4

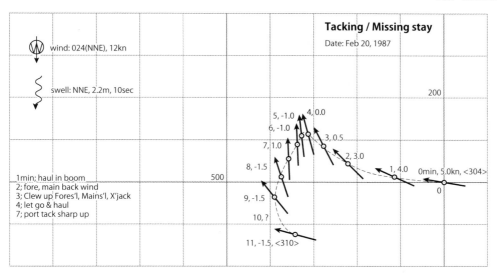

図 12.30 Tacking 例 5 (Missing stay)

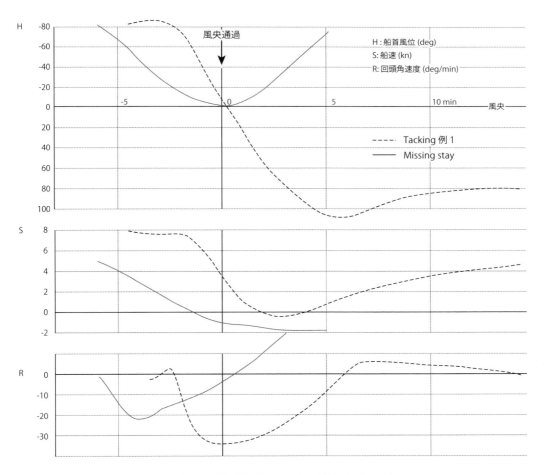

図 12.31 Tacking 時の船首風位等の変化

12.7.2   Wearing

例	種類	実施日	海域	風	うねり	進入針路 速力	風下圧流＝Gl	tack
1	Wearing	1987.1.20	34N, 176E	150, 15kn	SSW, 2.0, 9s	220, 6.0kn	660m	P to S

Gl : Ground loss to leeward   実施員数：約 80 名

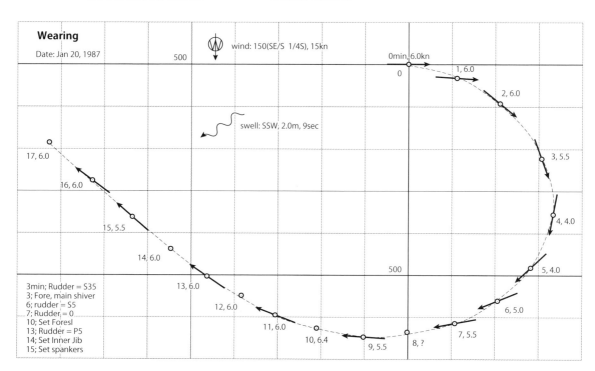

Wearing

Date: Jan 20, 1987

wind: 150(SE/S 1/4S), 15kn

swell: SSW, 2.0m, 9sec

3min; Rudder = S35
3; Fore, main shiver
6; rudder = S5
7; Rudder = 0
10; Set Foresl
13; Rudder = P5
14; Set Inner Jib
15; Set spankers

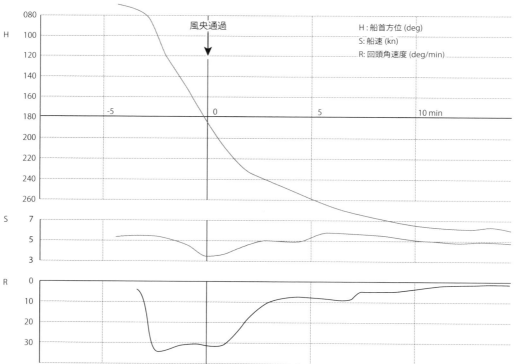

H : 船首方位 (deg)
S: 船速 (kn)
R: 回頭角速度 (deg/min)

風央通過

12.7.3　Heave to

種類	実施日	海域	風	うねり	風下圧流 角 流程 (60 分)	Sails
第 1 法	1986.8.8	30N, 154W	090, 9kn	-	+15deg, 1.09M	
第 2 法	1986.8.5	30N, 146W	080, 13kn	-	+28deg, 0.85M	
第 3 法	1987.2.26	19N, 179W	055, 12kn	ENE, 1.5m, 12s	+18deg, 0.98M	

各跼ちゅう法については , 6.4.4 Heave to 参照。
第 4 法については実験していない。

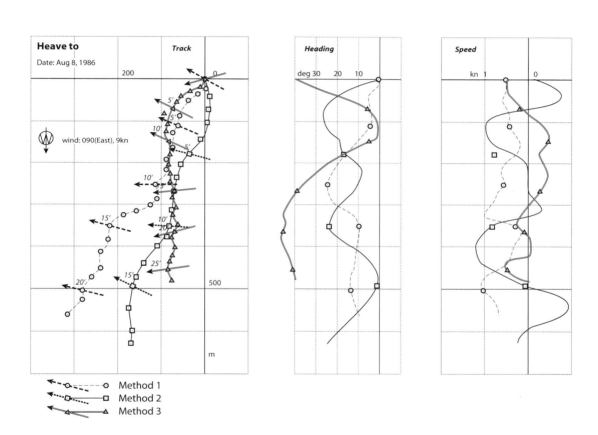

図 12.34 Heave to

156 ページ

図 12.32 Wearing

図 12.33 Wearing 時の船首風位等の変化

12.8 Track Chart

12.8.1 Winter

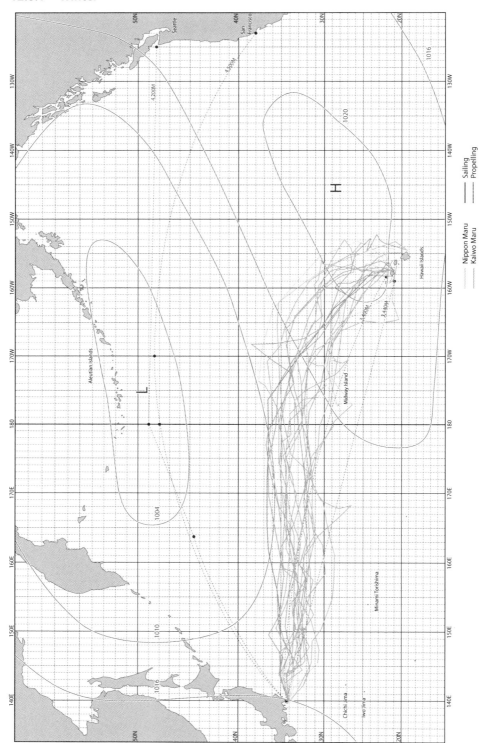

図 12.35 Winter

12.8.2 Summer

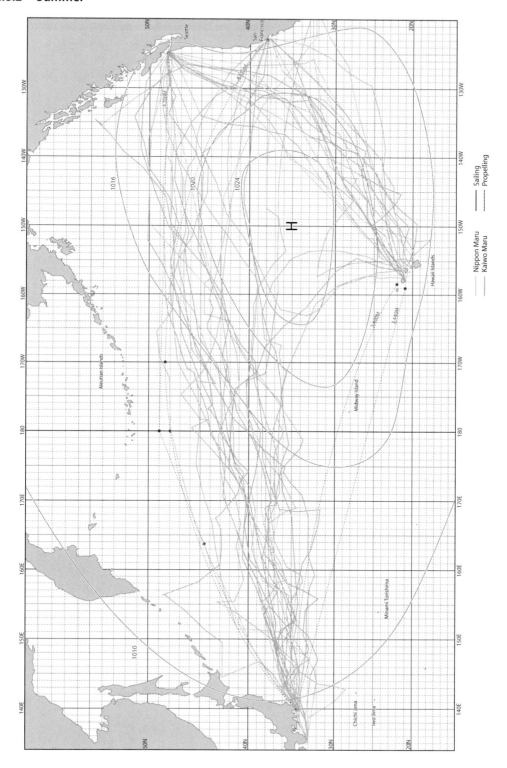

図 12.36 Summer

12.9　日本丸と海王丸の要目

項目	日本丸	海王丸	備考
建造場所	住友重機浦賀	住友重機浦賀	
起工日	1983 年 4 月 11 日	1987 年 7 月 8 日	
進水日	1984 年 2 月 15 日	1989 年 3 月 7 日	
竣工日	1984 年 9 月 14 日	1989 年 9 月 15 日	
信号付字	JFMC	JMMU	
IMO 番号	8211502	8801010	
航行区域	遠洋区域	遠洋区域	
船型	全通船楼甲板船	全通船楼甲板船	
総トン数 (tons)	2,570	2,556	
国際総トン数 (tons)	2,891	2879	
載荷重量トン数 (M.T.)	1456.2	1,425.4	
満載排水量 (M.T.)	4729.9	4,654.7	
全長 (m)	110.09	110.09	Bowsprit を含む
垂線間長 (m)	86.00	86.00	
幅 (m)	13.80	13.80	
深さ (m)	10.71	10.71	
満載喫水 (m)	6.57	6.584	
機関種類×数	Diesel × 2 基	Diesel × 2 基	
出力 (PS/kW)	1,500 × 2 / 2,206	1,500 × 2 / 2,206	
プロペラ直径 (m) / 型式	2.500 / FPP	2.500 / Feathering CPP	
清水搭載量 (KL)	884.1	864.9	Ballast water を含む
燃料搭載量 (KL)	433.3	432.4	
最大速力 (kn)	14.33	14.09	
航海速力 (kn)	13.2	12.95	
航続距離 (miles)	6,000	6,000	
帆総面積 (m²) / 枚数	2,760 / 36	2,760 / 36	
横帆面積 (m²) / 枚数	1,791 / 18	1,791 / 18	
縦帆面積 (m²) / 枚数	969 / 18	969 / 18	
マスト高さ (m) / 傾き (°)	Mast height from base line to Truck, Bowsprit length from Knight head		
Fore Mast	53.42 / 3.5	53.38 / 3.5	
Main Mast	55.02 / 4.0	54.98 / 4.0	
Mizzen Mast	54.52 / 5.0	54.47 / 5.0	
Jigger Mast	47.26 / 5.5	47.33 / 5.5	
Bowsprit / 仰角 (°)	16.50 / 17.5	16.50 / 17.5	
最大搭載人員 (人)	190	199	

13 その他

13.1 登檣礼実施要領

(1) 実施時期

出港時、係留索等を総て取り込み、船体が岸壁と平行になった時期に行う。強風時は着岸のまま行うことがある。

(2) 登檣員及び配置

実習生総員で行う。配置は別途定める。乗組員は航海士の指示に従い、所定の場所に整列する。

(3) 実施要領

順番	号令・号笛	動作	備考
1	登檣礼用意	実習生は出港部署を離れて、敬礼舷の Mast (Bowsprit) 下に集合し、岸壁側 (外側) を向き、二列横隊になる。	かけ足 上方に登る者が船首側
2	第1登檣員登り方用意	L.G. 以上の yard に登る実習生は、Sheer Pole に付いて体勢を整える (上の方に登る者から順に)。	・上方に登る順 ・yard に渡る順
3	登れ	第1登檣員は前の mast にならい左右同じ早さで登り、自分の yard の付け根のところで「渡れ」の号令を待つ。	Fore mast の右舷側が基準
4	第2登檣員登り方用意	U.T. 以下の yard に登る実習生は、Sheer Pole に付いて体勢を整える (Bowsprit Jigger mast 員はこの時付く)。	hand rail に足をおかない
5	登れ	第2登檣員は、3 と同じ要領で登る。	渡れの合図まで mast 回りに集まって待つ (図 13.1 ❶)
6	渡れ	各 yard に渡り、自分の所定の位置に着く。この時も前の mast に合わせる。自分の位置に着いたら、真っ直ぐ前方正面を見る。	両手は Safety Stay
7	気をつけ	6 の状態で背筋を伸ばし、姿勢を正す。	(同❷)
8	一・(長短) (号笛)	長音で「用意」短音で顔を一斉に岸壁側に向けて静止。このとき、上半身は動かさず、首だけ回して岸壁方向を見る。	職員は挙手の礼、甲板上の者は注目の礼 (同❸)
9	一・(長短) (号笛)	長音で「用意」、短音で一斉に元の「気をつけ」の姿勢をとる。	(同❷)
10	脱帽 (Bowsprit 先端の者が号令を掛ける)	一斉に脱帽し、右手でひさしを持って左胸に当てる。	(同❹)
11	ごきげんよう (3回)	リーダーの語尾が消えた頃に一斉に「ごきげんよう」を発声し、「よう」の発声と同時に腕をサッと右斜め上方に伸ばす。発声が止んだら一斉に素早く帽子を左胸に戻す。	帽子の落下に注意 (同❺❻)
12	着帽	一斉に帽子をかぶり、前方正面を見る。	

順番	号令・号笛	動作	備考
13	登檣員降りよ	登る時と同様に前の mast にならい左右同じ速さで降りる。甲板上に降りたら元どおりに整列「気をつけ」の姿勢をとる。	
14	登檣礼終わり、元の配置に付け	自分の出港部署配置に戻る。	かけ足

図 13.1 登檣礼

13.2　海王丸捨錨要領

(1) 揚錨機のブレーキが締まっていることを確認する。

(2) コントローラーストッパーが掛かっていることを確認する。

(3) クラッチが外れていること確認する。

(4) No.2 PAINT STORE 内のピンを抜き、備え付けハンマーで根付け
ストッパーを叩き抜く。

(5) コントローラーストッパーを外す。

(6) ブレーキを徐々に緩め、錨鎖が動き出したら一気にオールスラッ
クとする。(図 13.2)

【注意】

• ただし、錨鎖を 8 節以上使用している場合は、ブレーキ操作中に
根付けがチェーンパイプから飛び出てくる恐れがあるので、錨鎖が繰り
出し始めたら直ぐにブレーキから十分遠ざかること。

• アンカーブイは荒天準備の際、あらかじめ取り付けておくこと。

• 荒天下で錨作業を行う場合、船首付近に波が打ち込む可能性が高
いので、ライフラインの展張、船首周囲の照明灯の水密確保を含む準備
等を荒天準備作業として実施しておくこと。

図 13.2 捨錨要領

13.3 Yard 開き及び Boom 振り出しの目安

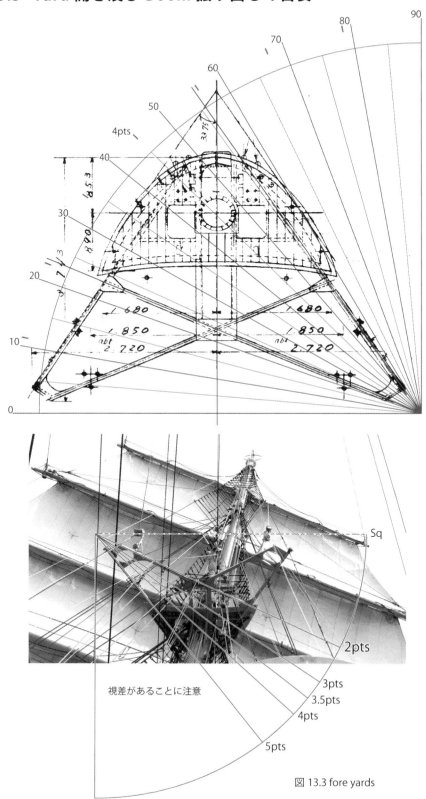

視差があることに注意

図 13.3 fore yards

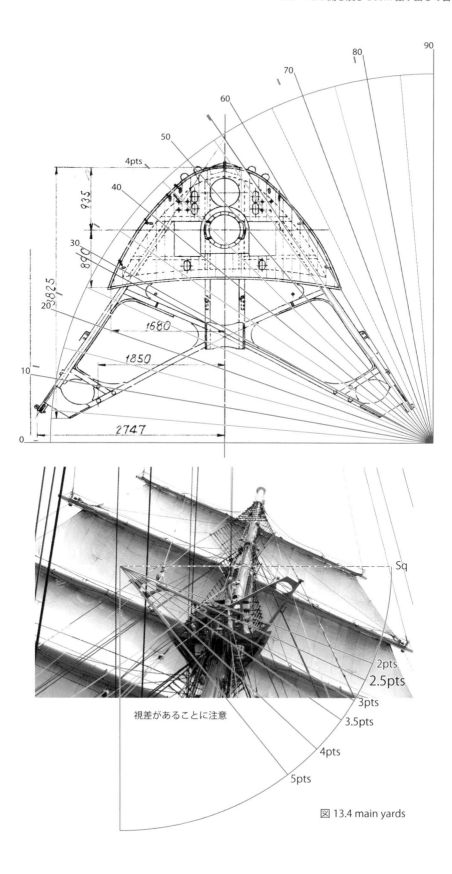

図 13.4 main yards

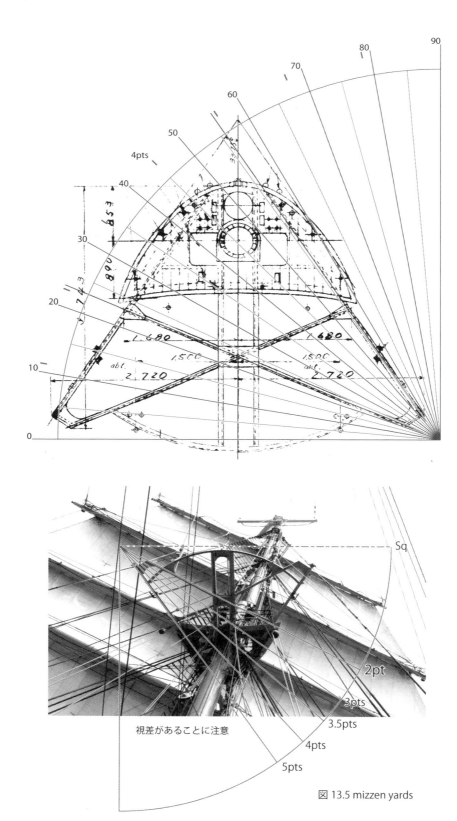

視差があることに注意

図 13.5 mizzen yards

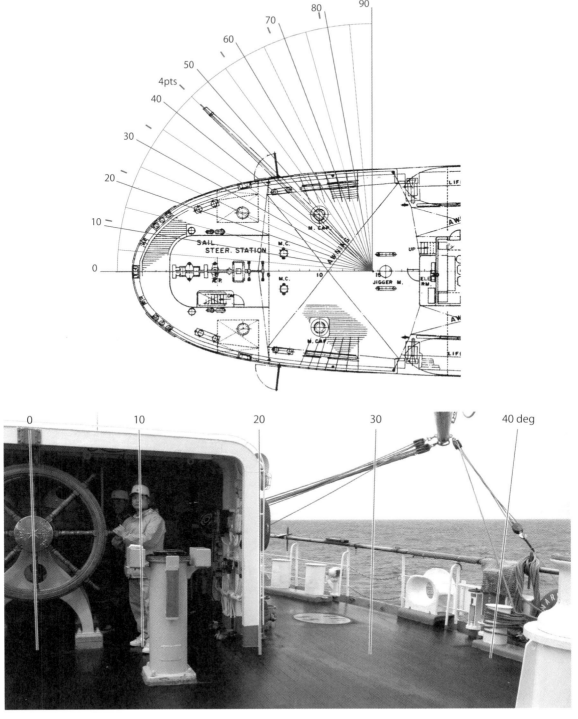

図 13.6 boom

用語集

A

aback, 逆に、裏帆に、裏帆を打つ。

    be laid ~, 裏帆を打たせる。

    be taken ~, 裏帆を打つ、裏帆になる。

abaft, (船) の後方に , 船尾に。

    ~ the beam, 正横後に。

about, (帆船を回して) 反対の開きとする、上手回しにする。

    ~ ship, 上手回し。

aloft 檣上に , 帆桁の上に。

    lay (go) ~!, 登れ！

allowance of stretch , 大きめに裁断した帆布を細かく縫い縮めて、平面の帆布を立体的に仕立ててできた脹らみ。

athwartship , 船の正横方向に、船体を横切って。

attend, 人を配置すること、状況に応じた対応のため配置につけること (≠ stand by, man)。

B

back, 1. 帆が裏を打つ。~ a sail 一時裏帆を打たせて。 2. 風向が反時計回りに変わる (~ to) (≠ veer)。

back rope, 作業の際、フルハーネスの hook を掛ける等作業員の安全を図るため yard の背面に張られた索。=safety backline。

backstay, mast の後方支索。

baggy wrinkle, yarn で作った擦れ止めの一種 = bag wrinkle。

bare pole, 帆船の展帆していない状態。

bark, 3 本以上の mast を持ち最後部の mast には縦帆だけを装備している横帆船 = barque。

barkentine, 3 本以上の mast を持ち最前部の mast にだけ横帆を備え、他の mast には縦帆を装備している帆船 = barquentine。

batten, mast head において mast を rigging の摩擦から護るため mast 周囲に上下方向に備えた当木 (その下部両舷船首尾方向に bolster を配する)。

    ~ down, ハッチを覆布で覆い、batten bar と wedge で完全に水密にすること。

beam ends, 船体が 90°近く傾斜して yardarm が海面に達するような状態。

beat, 間切る (帆船が風上へ航行する状態) (→ tack)。

becalmed, 1.風が無くなること。 2.陸地、他船（又は一船でも風下の帆が風上のもの）に風を遮られた状態。

belay, gear を belaying pin や cleat 等に巻き付けて止めること。

belaying pin, gear を巻き止める pin。

belly, 風をはらんだ帆のふくらみ。   5

bend, 1.帆を roband などで yard 等に取り付けること。 2.綱を他の物に結び付けたときにできる結び目。

bight, 1. 1本の索具を折り曲げたときにできる二重になった部分。 2.索の中間を取り込むこと。

blanket, 帆走船が他船の風上に出て風を遮ること。   10

bobstay, bowsprit 先端と stem(船首材) を結ぶ部材で Fore mast のstay の張力に対抗するもの。

bolster, trestle tree の上部、mast 両側に船首尾方向に配する rigging との摩擦を防ぐ当て木。

bolt-rope, 帆の外縁を補強する rope で、補強する箇所により head   15
rope、leech rope、foot rope 等という。

boom, 円材 (Spanker ~, jib ~, derrick ~ 等)。

bowline, 一杯開きで帆走中最下横帆の風上 leech を船首方向に張り出す rope。

　　~ bridle, bowline lizard を取り付けるための rope。   20

　　~ lizard, bowline を取り付けるための先端に thimble を取り付けたrope。

bowsprit, 船首の斜檣、構造上の目的は head sail を張り帆装のバランスをとる。stay を介して Fore mast を支える。

boxhauling, 下手小回し (船首を風下に落としてその場で回頭するこ   25
と)(→ **wearing** → 2.3 節)。

brace, 一端を yardarm に止め、他端は bumpkin や mast の block を介して甲板上に導き、yard を水平旋回させるための動索。

　~ in, yard を引き込む (ex. Sharp Up から 2pt への引き込み)(≠ ~out)。   30

　　~ up, yard を引き出す (≠ ~ in)。

　　~ pendant, 一端は yardarm に、他端は brace が通っている block に連なる短索。

brail, Spanker 等縦帆を絞るための動索。

brig, 2本の mast を持ち Main mast(後方の mast) 後部に Spanker(縦帆)   35
を装備している横帆船。

brigantine, 2本の mast を持ち Fore mast には横帆、Main mast には2枚の縦帆を装備している帆船。

broach to, 船が急に方向を転じ風浪を横から受けるようになること、荒天中不適切な操舵により波間に横たわること。

bulwark, 人や積荷を波浪から保護するため暴露甲板の周囲に設けた舷側材。

5　**bullseye,** 1. rope を導くための円盤状の fairlead。円盤外側には溝があり、細索で shroud 等に取り付けられる。 2. 甲板に埋め込んだ光取りの三角形のガラス。

bumpkin, brace 用の block を取り付けるため船側から正横方向に突き出した小円材 = bumkin, boomkin。

10　**bunt,** 横帆の中央部 (の帆布)。

　~ becket, 畳帆時、その中央部を縛る三角布、gasket の一種 =~ gasket。

bunting, 旗に使用される布、バンテン。

buntline, 横帆の下辺を引き上げるための動索。

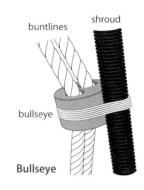

buntlines
shroud
bullseye
Bullseye

15　**~ cloth,** buntline による帆の摩擦を防ぐための帆に縫い付けられた当て布。

　~ lizard, buntline thimble を帆に縫い付けるための rope。

　~ thimble, buntline を通すための帆の前面中程に縫いつけた thimble。

by the wind, 一杯開き、詰め開き、風上にできるだけ詰めて (→ **close**
20　hauled)。

C

cap, mast のダブリング部において下部 mast の最上郡をその上の mast に固定するための鉄環、又は band = **mast cap**。

25　**cap stay,** mast cap から舷側へ張っている backstay。

chafing gear, 擦れ止め、**chafing mat, baggy wrinkle, bolster, paunch mat, puddening** 等。

chain plate, lower shroud 又は backstay の下部を船側に固定するための止め金。

30　**cheeks,** 1. cross tree の下部に mast を挟んで両側に 1 枚ずつ船首尾方向に取り付けられた上部の重量を支えている bracket, cheek plate。2. 滑車外殻の側面。

clean full, 総帆が風をつかんで切り上がっている状態、**close-hauled** の一歩手前の状態。

35　**clew,** 横帆の両下隅、縦帆の後方下隅。

　~ up, 横帆の clew を引き上げること。

clewgarnet, course(Fore sail 等) の clewline のこと。

clewline, 絞帆のとき clew を引き上げる動索。

clewspectacle, 帆の clew に取り付けられる sheet, clewline, tack を取り付けるための環、=~ ring, ~ iron(→図 4.13)。

clipper, 快速帆船 (語源はアメリカの諺 "To move at a fast clip" で full rigged ship が多い)。

close hauled, 一杯開き、詰め開き (→ by the wind)。　　　　　　　　5

coil, 索具を環状に整理、束ねること。

　~ down, 索を甲板上へ環状に束ねること。

　~ up, 索を cleat や belaying pin に掛けて束ねること。

counter brace, mast 毎に yard を開く舷を反対にすること。

course, Lower yard に付けた大横帆。Fore sail 等。　　　　　　　10

crane, 固定 yard 中央を mast から吊り支えている金具、truss の一種。

cringle, 金具や索具類を取り付けるため帆の bolt rope を利用して設けられた eye、又はそこに付けられる特殊な金具。それが取り付けられる帆の部分により名称が異なる。 tack ~, peak ~, clew ~。

Cross (X) jack, Cross jack yard に取り付けられた横帆 =cro'jack。　　15

　~ yard, Mizzen mast の最下 yard。

crosstree, mast head の前後において trestletree の上に取り付けられた top を支えている横材。

cutter, 1 本の mast の前後に各々縦帆を装備している小帆船。

　　　　　　　　　　　　　　　　　　　　　　　　　　　　　20

D

deadeye, 三つ目滑車、周囲に rope 溝をもって側面に lanyard を通す 3 つの穴があり shroud や backstay を締めるのに用いる円形の木製滑車。

dolphin striker, Bowsprit の下方に直角に取り付けられ jib boom stay に張りを持たせるための円材 =martingale。　　　　　　　　25

doubling, 上下の mast を接続するため、両 mast が二重になった部分、trestletree と mast cap の間。

downhaul, 絞帆するとき帆又は yard を引き降ろすために用いる動索。

E　　　　　　　　　　　　　　　　　　　　　　　　　　30

earing, 横帆の上部両隅、又は同部分を yardarm に固縛する細索。

ease away, 張った索や帆を徐々に緩めること。

eyebolt, 縄やフック等を引っかける輪付きのボルト。

eyeplate, 目付き板。

eye splice, 索の端末に編み込んで作った輪のこと、索具の先端に輪を 35 作るための結索方法。

eyelet, 鳩目 (帆の目穴)。

F

fairlead, 索具が他の物に絡んだり、擦れて損傷しないように、所定方向に導く索受け用の金具、穴の開いた板など、=fairleader。

fall, tackle や purchase において動く部分の索。

5　**fid,** 1. 上部 mast 下部の止め栓 (cross tree の上部にある)。 2. 帆布にかがり穴や鳩目を作るときその穴を広げるために用いる円錐形の堅木。

fife rail, mast 下部の周囲にあって belaying pin を配列するための stanchion 付き rail。

figurehead, 船首像、Bowsprit 直下の stem
10　に取り付けられる船首の飾り。

Gaff sloop

flemish coil, 8 字形又は平渦形などに巻かれて甲板上に置かれ、rope が走り出しやすいように並べられた rope。

　　~ down, 同上の rope の形状を甲板上に作
15　ること。

日本丸の藍青

　　~ eye, splice を入れないで索端に yarn で括って作った eye。

　　~ horse, yardarm に付加的に取り付けられた foot rope。

Bermudian sloop

foot-rope, 1. yard 作業の足場にするため stirrup により yard の後側、Bowsprit の両側等に取り付けられた rope =horse。 2. 帆の下辺の bolt
20　rope。

fore-and-aft, 縦の、縦帆式の。

　　~ sail, 縦帆。

　　~ rig, 縦帆艤装 (→図 Fore and Aft Rigs)。

Gaff cutter

Fore
25　　　**~ mast,** 最前部の mast(より高い mast が後部にある場合であり、ketch 型帆船のように最前部の mast が一番高いときは、その mast が Main mast になり Fore mast はなくなる)。

Bermudian
cutter

　　~ sail, Fore yard に取り付けられた横帆。= Fores'l

　　~ yard, Fore mast の最下 yard。

Gaff yawl

30　**full and by the wind,** 詰め開きまで風に一杯切り上って帆走すること (単に **full and by** ともいう) =close-hauled (→ clean full)。

full rigged ship, 3 本以上の mast の横帆船。

Gaff ketch

furl, 畳帆すること (gasket で帆を yard 等にしっかり巻き付けること)。

futtock
35　　　**~ hole,** futtock shroud を通すために top の外縁に設けられた小孔。

Schooner

　　~ shrouds, top の縁から mast 下方の futtock band に導かれた数本の鉄棒で上部 rigging の張力に対応するもの。

5-masted
Schooner

Fore and Aft Rigs

G

gaff, 四辺形の縦帆の head に沿った円材。

  ~ sail, gaff と boom の間に張った縦帆 (Spanker の別名)。

  ~ tops'l, foot を gaff に沿って広げるようにした縦帆。

gantline, =girtline、Sail rope。 5

gasket, 絞帆した帆を yard や mast 等に固縛するための短索 =furling line。

  sea ~, 畳帆方法の一種。 絞帆された帆から早く風を抜くため gasket で帆を yard, mast 等にしっかり固縛する方法、美観にこだわらず実質を第一義とする。 10

  harbour ~, 上記 sea ~ に対する方法で、帆を固縛した gasket の間隔を空けずにきっちり巻きとめる方法。美観を重視し、入港時に用いる (→ 図 4.20)。

girth band, 補強のため帆の中央部に縫い付ける当布 =belly band。

gore, 帆作製の際ある部分 (巾、深さ、コーナー) の面積を増すために 15 縫い付けた小帆布。

grommet (grummet), 1. 帆の上縁を yard に取り付けるための索輪。 2. 索を輪にして作った eye =grommet ring。 3. 鳩目金 (metal eyelet)

guy, 1. boom や円材を所定の位置に保持するために両舷から張られた 索。 2. 物を揚げ下げするとき安定するように用いる索 =guy rope。 20

gybe, Running Free の状態で縦帆の sheet を一方の舷から反対舷へ替えること =jibe。

H

halyard, 帆又は yard を引き上げる動索 =halliard。 25

hambroline, 6 条以上 (3 の倍数) の細い strand で作った丈夫な細索 (seizing や lashing に用いる) =hamber line。

hank, stays'l の luff を stay に、又は Spanker の head を gaff の下部に取 り付けるための金具。

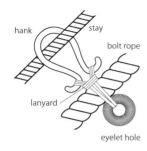

hank   stay

bolt rope

lanyard

eyelet hole

haul, 人力で引くこと。 ~ in (out), ~ up (down), ~ tight, ~ home。 30

headsail, Fore mast の前方、主として Bowsprit, jib boom に張られる stays'l。 Jib の総称 =heads'l。

head wind, 逆風、針路方向から吹く風 (≠ back wind)。

hoop, mast や yard に取り付けた補強のための輪。 mast ~, quarter ~, center ~, brace ~。 35

horse, 1. foot rope の別名。 2. Spanker の sheet を替えるとき、sheet block を片舷から反対舷へ外すことなく滑らせて移動できるようにした 鉄棒又は索。

hounds, mast の上部において trestletree を支える突起部 (檣肩)=mast hounds。

housing, mast においては最上層甲板から甲板下 heel までの部分をいい、Bowsprit においては stem から船体に埋め込まれた部分をいう。

I

inhaul, 展帆時に緩め、絞帆時に張り込む索 (≠ **outhaul**)。Spanker head (foot) ~。

in irons, tacking のとき船首を風に向けたまま、右にも左にも転じられない状態 (→ 2.3 節)。

J

jackass rig, Fore mast に横帆と縦帆を、他の mast に縦帆を持つ 3 本 mast の schooner。

jackstay, yard の上部あるいは mast の後方に帆を付けるための鉄棒。

jib, head stay に取り付けられた stays'l。

　~ boom, Bowsprit の先端に継ぎ足された斜めの mast。

Jigger mast, 4 本以上の mast を持つ船の最後部の mast。

JMA, Japan Meteorological Agency 気象庁 (日本)

junk, 1. 古索片の良質部分、mat, swab, oakum 等の材料。 2. 東洋型平底帆船。

　~ yard, 最下 yard。

K

ketch, 原則として前部の mast が高い 2 本の mast に縦帆を張った帆船。

knight heads, Bowsprit を stem で左右から固定している船首副肋材。

L

lanyard, 種々の目的に用いられる細い短索、かつては backstay や shroud を絞める目的で deadeye を通した line。

lashing, 網、ひも等で固縛すること。

lateen sail, luff に沿って yard が取り付けられている三角形の帆。

lay, go 又は come と同意味で使う海事用語。

　~ aloft, ~ out, ~ in。

lee, 風下、風下側。

　caught by the ~, 風下舷からの突風に襲われ裏帆になること。

　~ shore, 船の風下側に陸岸のある状態、又は風下側の陸岸。

leech, 帆の縦縁。

leechline, 横帆の leech から yard 上の block を通して甲板上に導かれ、絞帆時 leech を引き上げる索。

let go, 動索を一気にやり放すこと。

lie to, 漂ちゅう (踟ちゅう) =lying to。

lift, boom や yard を trim したり支える吊り索。

light sail, 軽帆、薄手の帆布で作った帆 : Royal, Flying jib, Gaff tops'l, Sky sail 等。

lining, 帆の leech や foot に付ける当て布 =~ cloth、band、buntline cloth。

lizard, 端に thimble や block を取り付けた索で動索の先導になる。

lower mast, 最下 mast。

lubber's hole, top に開けた人が通り抜ける穴。futtock shrouds を使用しなくても mast を登ることができる (→図 10.9)。 [参考] **lubber** に未熟な水夫の意味がある。

luff, 1. 縦帆の前縁 =fore leech。 2. 風に切り上げて行くこと =luffing。

lug(ger), 前縁より後縁の長い四辺形の帆を装備した 1~3 本 mast の帆船。

M

Main (→ Fore),

  ~ mast, Main mast (最も高い mast)。

  ~ sail, Main yard に取り付けられた横帆 =Mains'l。

  ~ yard, Main mast の最下の yard。

mallet, serving に用いる木づち。

man, 人を配置すること (→ attend, stand by)。

  ~ the yards, 登檣 (桁) 礼。人を yard や rigging 等の上に配置して敬礼の意を表す儀礼。

manrope, 握り索、手すり索。

marline, 撚りのあまい二つ撚りの細索。主として serving や seizing に用いる。tar をしみこませたものもある。

marlinespike, 綱をさばいたり splice を入れるときに用いる鋼製又は木製の spike。

martingale, 1. =dolphin striker。 2. jib boom を下方に固定している支索をいうこともある =jib-boom stay、martingale stay。

mast, マスト、檣、帆柱。

  ~ band, mast をとりまく block 取付け金具の付いた鋼帯。

  ~ rake, mast の傾斜。

masthead, mast の上部 (hounds より上の部分)。

mat, 擦れ止めマット。静索と動索との摩耗防止する。

missing stays, tacking に失敗すること (→2.3 節)。

Mizzen, (→ Cross (X) jack)

　～ mast, 3 本以上の mast を持つ船の前から 3 番目の mast。

moon sail, sky sail の上にかける帆 =moon raker。

5　**mousing,** hook の口を細索でくくり、索や eye が hook から外れない
ようにすること (→図 4.5)。

N

necklace, futtock shrouds の下端を固定するため lower mast の周囲に
10　巻き付ける chain。

NOAA, National Oceanic and Atmospheric Administration、米国大洋大
気庁

O

15　**oakum,** まいはだ（古い麻や綱をほぐしたもの）。甲板の隙間に詰めて
漏水を防ぐ。

outhaul, 出し索、絞帆時緩め、展帆時張り込む索、Spanker head (foot)
～、(≠ inhaul)。

outrigger, =spreader, bumpkin。

20　**overhaul,** 1. 分解 (修理) する。 2. 索などを伸ばすこと。

P

painter, もやい綱。

palm, 手のひらの当て皮、canvas 等を縫うときに針を押し通すために
25　用いる。

parcelling, serving の前に wire に細巾の tarred canvas をら旋状に巻
き付けること。巻き付ける細長い帆布 (→ serving)。

parrel, yard や gaff を mast に寄せ付けて自由に上下動できるようにし
ている索、鎖、鋼帯等 = parrel band。

30　**patch,** canvas などの当て布。

pay, 索を緩めて自然に繰り出す。

　～ away a sheet, sheet を繰り出す。

　～ off, 船首を風下に向ける。

peak, 1. Spanker の後上隅。 2. gaff の最先端。

35　**pendant,** 1. 一端に滑車が付き他端は yard、boom、帆などに取り付け
た短索 =pennant, pendant, brace ～, sheet ～。 2. 長旗。

　answering ～, 回答旗。

pinnace, 船載の中型艇、一般に長さ 28~30ft の小艇。

pin rail, bulwark や hand rail の内側にあって belaying pin を差し込むための穴がある rail。

pointing, 索端がほつれないように taper 状に編んで尖らすこと。

point yards, 錨泊中に yard により生じる風圧を減らすため yard を風に向けて回すこと。

pole mast, 一材で作られている mast (lower mast と top mast, top mast と Royal mast の構成等もいう)。

pooping down, 荒天下、大きな追い波を船尾越しに受けること。

port tack, 左舷開き (左舷から風を受けて走ること)(≠ starboard tack)。

preventer, 補強のために付加された索。~ guy, ~ stay, ~ tack。

pricker, 帆作製の際に穴を開けるために用いる先の尖った道具。

purchase, 1. てこや滑車による増力。2. てこや複数滑車 (tackle) などの増力装置 (→ tackle)。

Q

quarter, 1. 船尾側 (正横と船尾との間)。　2. yard の中央と yardarm との間。

　~ iron, yard の quarter 部にある細帯。

　~ deck, 帆船の後甲板。

　~ wind, 斜め後方から受ける風。

R

racking seizing, 2 本の索の間を 8 字形に捲き、かなりの重量をこたえさせる方法。

ratline, shroud に水平に索を渡して作ってある縄梯子又はその索 =ratling。

reach, 1. 風上に向かって一間切 (ひとまぎり) の帆走。　2. 風を正横かやや前方に受けて帆走すること。

reef, 帆の一部を yard 又は boom にくくり、帆面積を縮小すること。

　~ band, ~ point 取付座用の帆布帯。

　~ point, ~ 用の小索。

reeve, 索を穴や滑車等に通すこと。

rigging, 船の gear の総称、広義には操帆装置、艤装。

　standing ~, 静索。mast や yard を支える rigging。

　running ~, 動索。操帆用の rigging。

　~ screw, 一端は chain plate に他端は stay や shroud の下部に連なる緊張用 screw =turn buckle。

ringsail, Spanker の後縁に boom と gaff を延長して取り付けた補助帆

=ringtail。

roach, 帆の縁の曲線。

roband, 帆を jackstay や hank に結び付ける短い索。

roping, 索に帆布を縫い付けること。

5　**royal,** toppgallant の上にあり一番上の。

　　~ mast, Topgallant mast の上方の mast。　Royal を張る部分。

　　~ yard, Royal を取り付けている yard。

S

10　**safety backline,** =backline。

safety stay, 作業員の安全確保のため yard の上部に jackstay の手前に取り付けられた鉄棒。

sail rope, mast 頂部に取り付けた滑車を通して帆を引き上げるために用いる索 =gantline。

15　**schooner,** 2 本以上の mast を持つ縦帆式帆船の総称。Fore and Aft Schooner, Tops'l Schooner

scud, ほとんど展帆せずに順走すること。

scudding, 強風下の追風順走。

seizing, 1. 2 本の索を一緒にくくり合わせること。　2. shackle の pin が

20　抜けないように seizing wire で止めること (→図 4.3)。

　　~ wire, かがり針金。

sennit, 編み縄。junk を解いて作製し多目的に利用する雑索。

serving, 保護又は補強のため索を細索 (marline 等) でつめ巻きすること。

25

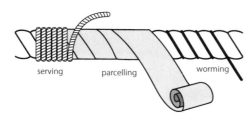

serving　　　parcelling　　　worming

30　**set,** 展帆する (ex. ~ sails)。

sheer pole, rigging screw の直上の shroud に水平に取り付けた木又は鉄の棒 =sheer batten。

sheet, 帆の clew 部分に取り付けられ展帆するとき張り込む動索。

　　~ pendant, =pennant 縦帆の sheet 部に取り付けた、先端に block 等

35　の付いた短索。

shift, 1. 風向が変わること。~ from, ~ to。2. 索又は物を移動させること。

ship, 3 本以上の mast を有する横帆船、最後部 mast の後方に Spanker が装備されている。

shipshape, 船上の美観を整えること。

shiver, 帆が風で拍動すること。

shroud, 各 mast head から両舷側へ張り mast を正横方向に支えている鋼索。

signal halyard, 旗りゅうを掲揚するために使用する丸く編んだ細索 =flag line。

skysail, Royal 直上の横帆。

slack, (索具などを) 弛ませる、伸ばす (~ away)。

  take in ~, 弛みを取る。

sling, 1.(重量物を持ち上げるのに用いる) 吊り索、吊り鎖。 2. 上下する yard の中央部で yard を支える chain。

sloop, 1 本 mast で jib stay を持つ帆船。

snow, Main mast の後方に try sail mast を備えている横帆式 2 本 mast の帆船。

spanker, Ship 型又は Bark 型帆船の最後部 mast に取り付けられた四辺形の縦帆 =driver, gaff sail。

spar, 円材、mast, yard 等。

spectacleclew, =clewspectacle。

spencer, 横帆船の Mizzen mast 以外の mast に取り付ける gaff sail。

spider band, lower mast の甲板近くに取り付けられ、belaying pin が設置してある band =spider iron futtock hoop。

spike bowsprit, Bowsprit と jib boom とが一体となっている sprit。

spinnaker, race 用 yacht が追手の軽風を受けて走る際、主帆の反対側に張る三角形のよくふくらむ軽帆。

splice, 2 本の索の両端を解いて組み継ぎすること。

spreader, 支索を張る横木 =outrigger。

square, yard が keel と mast に直交している。

  ~ rig, 横帆を主体に艤装された 1 本 mast 以上の帆船 =rigger (→図 Square Rig)。

  ~ sail, 横帆。

starboard tack, 右舷開き (右舷から風を受けて走ること) (≠ **port tack**)。

stay, 支索、mast をその上部から下方へ支える静索 fore and aft ~, fore ~, back ~。

staysail (stays'l), fore and aft stay に取り付けられた三角形の縦帆 (jib も staysail の一種)。

steeve, bowsprit が水平線となす角 (仰角)。

stirrup, あぶみ綱、foot rope を支えるために yard から適当な間隔て吊

Topsail Schooner

Brig

Brigantine

Barquentine

Bark

Ship

Square Rig

り下げられた短索。

storm sail, 荒天用の帆 1. 通常のものより小さい丈夫な帆。 2. 減帆したとき最後まで残しておく帆、Inner jib, Jigger stays'l, Lower Tops'l, Course 等 (→図 8.4)。

strand, yarn を撚り合わせたより索。

strop, 1. block に巻き付け支えるための rope や wire の band。 2. 環状に splice を入れた rope や chain =strap。

studding sail, 横帆船の yardarm から stun sail boom を張り出して広げる補助帆 =stun sail。

swab, 甲板用の棒ぞうきん、モップ。

swinging boom, 1. stun sail の foot を広げるために付いている boom。 2. 舷側から係船用に水平に出す boom。

T

tabling, 縁布、帆の折返し。

tack, 1. 縦帆の前端下隅、tack を張る索。 2. 風を入れるために Course の clew を前方に引張る索。 3. 帆の開き (風向きに対する帆の位置、sail on the port (starboard) ~。 4. 上手回し、間切り =**tacking** (→ 2.3 節)。
　　~ pin, fife rail に付いている belaying pin。

tackle, テークル。数個の block の組合せにより purchase を形作った複滑車装置 (→ **purchase**)。

take,
　　~ in, 絞帆、取り込むこと。~ sail, ~ slack。

tall ship, 横帆式帆船。

tar, 防錆のために wire rope に塗り込む粘土の高い油。

tarpaulin, tar をしみこませた防水帆布、防水帆布の一般呼称。

tarred rope, tar を染みこませた索。

tenon, ほぞ、Lower mast の最下端。

thimble, eyesplice などにはめ込み索の摩耗を防ぐための円形又はハート形の鉄環。

throat, Spanker の前上隅 (上縁で peak に対する部分)。

timenoguy, 動索のもつれを防ぐために張った張索、brace の途中を吊っている guy。

top, mast head の trestletree 上に木又は鉄で作られた半円状の platform。

topgallant mast, topmast 直上の mast 及びそこに取り付ける yard、帆、~ mast, ~ yard, ~ shrouds, -s'l。

topmast, lower mast 直上の mast 及びそこに取り付ける yard、帆、

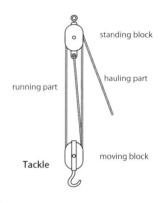

standing block

hauling part

running part

moving block

Tackle

Tops'l, ~ stays'l, ~ shrouds。

topping lift, davit や derrick などの円材の先端を支えている吊り索又は滑車装置、boom や gaff の先端を mast head から吊っている動索。

tops'l schooner, 2 本以上の mast を持ち Fore mast の top 以上が横帆でその他の帆が縦帆の帆船。

traveller 帆, sheet 又は yard 等の移動を容易にするために鋼、捧、円材に沿って滑動させる ring 等。

trestletree, mast の top 及び cross tree を下から船首尾方向に支えている木、又は鋼材 (angle)。

tripping line, stays'l の clew、Spanker の foot、Gaff tops'l の tack 等を引き上げる索。

trim sail, 船速が最大になるように帆の状態を整えること。

truck, mast 頂部の円形冠。

truss, yard 中央部を mast に取り付ける金具 (→ **crane, yoke**)。

　　~ band, truss を mast に固定する band=~ hoop。

twine, 帆縫い糸、撚り糸。

tye, yard を持ち上げるための索又は鎖 (一端は yard の sling に、他端は mast sheave を通して halyard に連なる) =tie。

U

unbend, 帆を yard 等から取り外すこと。

unfurl, 帆を広げること。

V

vang, gaff の先端から導かれ甲板上の両舷で gaff の旋回を制御する索。

veer, 1.風が時計回りに変わること、~ to (≠ **back**)。2.伸ばす (→ **slack**)。

W

wear, 1. 下手回しする (→ **tack**、→ 2.3 節)。 2. 使いふるす。

　　~ and tear, 消耗。

　　wearing, 下手回し =veering。

weather, 1. 天気、天候、気象。 2. 風上の、風上側の。

whip, 軽い荷を揚げるために用いる滑車装置、小滑車。

whipping, 索の端止め、索端がほぐれないように twine で巻くこと。

whisker, Bowsprit の両側から突出している木又は鋼製の円材、jib boom の左右の stay を先端に固定する。

white squall, 無雲はやて、熱帯地方の予見できない突然の Squall で白波に覆われる。

wing and wing, 縦帆船が順走するとき両舷に boom を出して帆を張ること。

WMO, World Meteorological Organization、世界気象機関

worming, つめ巻き、serving や parcelling の前に rope の谷間を埋めるように yarn や marline などを巻き付けること (→ **serving**)。

X

xebec, 地中海地方の 3 本 mast の小帆船。

X'jack, =cross jack, cro'jack。

Y

yard, 帆桁、横帆を取り付ける円材。

yardarm, yard の先端部。

yarn, rope の小撚り、fiber を撚り合わせたもの。fiber → yarn → strand → rope となる。

yawl, 1. 4~6 本 oar の船載雑用艇 =jolly boat。　2. 前の mast が高く後ろの mast が低い小型の縦帆船。

yoke, 1. 横舵柄。　2. truss の一種。

索引

■航海訓練所シリーズ■

帆船 日本丸・海王丸を知る　改訂版

定価はカバーに表示してあります。

2013 年　3 月 28 日　初版発行
2022 年　9 月 18 日　改訂初版発行

編著者　独立行政法人 海技教育機構
発行者　小　川　典　子
印　刷　株式会社丸井工文社
製　本　東京美術紙工協業組合

発行所　㈱成山堂書店
〒 160-0012　東京都新宿区南元町 4 番 51　成山堂ビル
TEL : 03 (3357) 5861　　FAX : 03 (3357) 5867
URL　https://www.seizando.co.jp
落丁・乱丁本はお取り換えいたしますので、小社営業チーム宛にお送りください。

ISBN 978-4-425-41432-1